우리아이 읽기독립

일러두기

- 『우리 아이 읽기 독립』안에서 한글해득, 한글떼기는 같은 의미로 사용합니다. 한글문
  해교육은 학생의 읽기와 쓰기에 초점을 맞춘 교육으로 한글떼기와 읽기, 쓰기 교육을
  포함한 표현입니다.
- 문자해독은 문자를 소리값대로 읽을 수 있는 것을 말합니다.

아이의 건강한 독서습관을 만드는
긍정적 독서지도법

우리아이
읽기독립

〈 최신애 지음 〉

siso

　한글해득(한글떼기)과 본격적인 독서 사이에 읽기독립이라는 징검다리가 있다. 이 다리를 잘 건너야 건강한 독서습관을 형성할 수 있다. 그리고 이 과정에서 쌓은 긍정적 독서감정으로 진짜 독서를 즐길 수 있는 아이가 된다.

　한글해득을 위한 초등학교 수업시수가 27차에서 62차로 늘어났다. 2015년 개정 교육과정 도입의 결과다. 입학 전에 한글을 떼야 한다는 학부모의 부담을 덜고 사교육 과열을 막겠다는 교육부의 방향이다. 학부모는 한글교육을 책임지겠다는 이 방향이 반가우면서도 고민에 빠지게 된다. 한글문해교육 강화정책을 믿고 맡겨야 할지, 가정에서 할 수 있는 부모의 역할이 어디까지인지, 초등 입학 후 아이가 제대로 읽고 쓸 수 있을지 불안하기만 하다.

다른 아이들은 입학 전에 한글을 떼고 책도 잘 읽는다는 소식에 부모의 마음은 더 불안하다. 입학하면 어떻게 되겠지 하다가도 아이가 뒤처질까 봐 걱정한다. 괜스레 아이가 원망스러워지면 음성을 높여 아이를 자리에 앉힌다. "이리 와 앉아. 책읽어 봐." 앙칼진 말이 아이에게 닿으면 읽기연습이나 한글떼기는 제자리걸음이 된다. 아이도 지치고 부모도 지치는 현실이다.

정부의 교육개정은 학생들의 문해력이 급속히 떨어지고 있다는 증거다. 초등 저학년 문해교육 수준은 성인 문식성과도 밀접하다. 학생들의 문해력은 국가 유지와 성장의 기초이다. 이렇게 중요한 문해력의 수준에 빨간불이 켜졌다. 문맹률은 낮지만, 성인의 실질문맹률 ●은 매우 높은 나라가 되고 있다. 국가적인 차원에서 아이들의 기초문해력에 주목하는 것은 국민의 안위와 상생을 위한 것이다. 이런 거시적 목표는 학부모에게

●실질문맹률(문해율) : 글을 읽고 이해하는 비율.

고무적이지 않다. 학부모에게는 내 아이의 학교생활과 성적이라는 미시적 목표가 더 다급하고 위중하기 때문이다. 내 아이의 읽기독립을 국가적 문제로 여기는 것이 거창할지라도 사명감을 갖고 가정에서 훈련을 제공할 필요가 있다.

가정에서 읽기독립을 통과해야 할 7~9세의 자녀를 어떻게 지도해야 할까? 문제집을 많이 풀게 하고 다독을 권하는 것이 최선일까? 읽기를 지속할 쉬운 방법은 없을까? 책을 많이 읽어주다 보면 어느 날 혼자 읽기 시작한다는 말을 믿어야 할까? 아이 스스로 읽으면 제대로 읽기나 할까? 어떤 태도와 철학으로 아이를 지도할 것인가? 부모의 어깨가 무겁기만 하다. 디지털 기기의 혁신적 발전과 스마트 환경의 보편화로 아이들에게 읽기를 가르치기는 더 힘들어졌다.

이 책을 쓰면서 읽기독립이라는 과정과 그 특징을 인지하지 못하는 학부모를 많이 만났다. 초등 1~2학년은 독서준비기다. 읽기독립이란, 아이 스스로 문자를 해독하고 뜻을 파악하며 읽기가 가능한 상태를 말한다. 아이가 읽기독립을 하기까지의 훈련과정을 준비단계와 이후 3단계로 제시하고, 단계마다 읽기독립의 걸림돌을 해소하는 실제 사례를 덧붙였다. 매일 10분씩 주 5일과 같이 작은 습관을 쌓도록 훈련방법을 제시했다.

3S(short 짧은 시간 /share 부모가 함께 /steady 지속적으로)라는 훈련 태도를 강조했다. 이런 과정을 차근차근 밟는다면 아이의 읽기근육은 서서히 자랄 것이다. 그와 함께 어휘력이 확장되어 내용 이해도 빨라질 것이다. 부모의 다정한 태도를 기반으로 한 읽기독립 과정을 추억으로 쌓는다면 아이의 내면에는 독서에 대한 긍정 감정이 싹틀 것이다. 이 과정을 바탕으로 읽기독립을 성취한 아이는 그간 쌓은 힘을 동력 삼아 책이라는 너른 바다에서 힘차게 노를 젓기 시작할 것이다.

"어머니, 불안한 눈빛을 거두세요. 아이 혼자 걸어가기에는 무척 힘든 길이랍니다. 조금 느리더라도 아이 곁에서 읽기훈련을 함께해 주세요. 매일 '3S' 작은 습관이라면 우리 아이의 읽기독립은 가능해요!"

PART 2
우리 아이 읽기부진에는
이유가 있어요

PART 3
우리 아이에게 필요한
읽기독립 디딤돌

PART 4

읽기독립을 위한
훈련단계

PART 5
읽기독립을 위한
주의사항

PART 6
읽기독립 이후
멈추지 않기

PART 1

우리 아이 읽기에 빨간불이 켜졌다

한글부진이 읽기부진을 만든다

"우리 애가 아직 한글을 제대로 못 뗐어요. 책을 못 읽어요."

한글을 제대로 못 뗐다는 표현은 두루뭉술하다. 아이가 조음 원리를 제대로 아는지, 원리를 모르고 익숙한 낱말 위주로 읽는지, 모르는 것을 추측해서 읽는 건 아닌지 알아야 한다. 자모음 결합원리를 알고 규칙적 낱말은 잘 읽지만, 불규칙 낱말 때문에 읽기를 싫어하는 건 아닌지 구분할 필요가 있다. 아이가 더듬거리며 읽을 때 자세히 관찰해서 원인을 파악한 후, 적절한 방법으로 훈련시켜야 한글을 떼고 혼자 읽을 수 있게 된다. 뛰어난 전문지식이 필요한 게 아니다. 매일 규칙적으로 글자를 노출하고 읽는 훈련을 하면 한글은 뗄 수 있다. 가정마다 벽에 하나쯤 붙어있을 한글음절표로 확인해보자. 받침을 넣은 음절표와 이중모음 결합 음절표를 보여주고 빠르게 읽을 수 있는지 살피자. 그중에 '빠르게 읽지 못하는' 글자를 파악해야 한다.

필자는 이 책에서 '스스로 책을 읽을 수 있고 어느 정도 내용을 이해하는 상태'를 '읽기독립했다'라고 정의하고 글을 시작하려 한다. 읽기독립을 못 한 채 학년이 올라가면 읽기뿐 아니라 학습성취도도 떨어진다. 본격적으로 학습을 시작하는 초등 3학년이 되기 전, 1~2학년은 읽기독립을 이룰 절호의 기회다. 이 시기에 아이가 책을 잘 읽는 것 같아서 제대로 훈련하지 않으면 빠르게 건성으로 읽는 나쁜 습관이 생긴다. 읽기부진은 학년이 올라갈수록 따라잡을 수 없는 학력격차를 만들어낸다. 그러니 그전에 의식적인 훈련을 통해 읽기능력을 길러야 한다. 저절로 제대로 잘 읽는 아이는 극소수에 불과하다. 읽기능력을 상실한 채 학년만 올라가는 불상사는 아이에게 치명적인 고통을 안겨준다는 사실을 기억하면 좋겠다.

읽기부진의 근본적 이유는 한글을 제대로 숙지하지 못해서다. 한글을 아예 배우지 않고 입학하는 아이는 없다. 자모음을 구분하는 단계, 자모음의 기본글자 결합을 아는 단계, 이중모음과 겹받침 등 다양한 음운현상으로 불규칙 낱말을 읽을 수 있는 단계, 실수가 적고 읽기가 수월해 내용을 이해하는 단계까지 수준을 파악할 수 있다. 아이가 한글문해교육의 어디쯤에 있는지 파악하는 것이 급선무다. 읽다 보면 나아진다는 안일한 생각을 버려야 한다. 아이가 읽기부진이나 읽기 거부 상태라면 먼저 한글해득 수준을 다시 점검해야 한다. 한글을 뗐다고 해도 아이가 다 기억하지 못할 수 있다. 결합원리를 이해하지 못한 채 익숙한 글자 위주로 읽어도 부모는 '안다'라고 판단할 수 있다.

사람은 '읽는 행위'를 통해 정보와 지식을 습득한다. 읽기능력은 기초수학능력과 밀접한 학습의 기초다. 읽어야 이해하고 이해해야 사고한다. 사고할 때 질문하게 된다. 질문한다는 것은 아는 것과 모르는 것을 구분할 수 있는 메타인지가 발달한 상태이다. 이런 과정을 차근차근 밟으며 새로운 지식을 받아들이고 처리하고 사고하고 활용하는 것이 학습과정이다. 제대로 읽기 시작하면 자연스럽게 배움이 일어난다. 학습이 가능하려면 읽기가 유창해져야 한다. 문자와 소릿값의 관계를 알고 낱말의 의미를 이해하는 읽기독립은 가장 중요한 기초임에 분명하다.

초등 1학년은 읽고 쓰기가 중요한 시기다. 교육부에서 한글책임교육 정책을 실행할 때 부모는 넋 놓지 말고 아이의 한글 해득과 읽기훈련에 집중해야 한다. 자음 모음의 소릿값을 정확하게 알도록 복습하기, 자모음 원리를 천천히 소리로 보여주기, 받침 글자의 불규칙을 이해하고 읽기를 연습한다면 읽기독립을 앞당길 수 있다. 아이의 노력+학교의 지도+부모의 보조 삼박자가 맞으면 아이의 읽기는 성장하고야 말 것이다.

한글은 뗐는데 책을 읽지는 못해요

한글을 떼는 것과 책 한 권을 읽어내는 건 다르다. 한글해득의 완성기간과 이해도 역시 아이마다 다르다. 책을 좋아하는 아이는 부모가 간섭하지 않아도 혼자 읽다가 읽기독립을 할 수 있다. 한글을 배울 때 읽기를 병행한 아이도 자연스럽게 읽기독립을 하기 쉽다. 문제는 책을 좋아하지 않는 아이에게 있다. 짧은 기간에 한글을 떼서 읽기훈련을 하지 못했거나, 자모음 결합 원리를 이해하는 정도에서 문자 교육이 멈추었다면 이후 읽기독립에 어려움을 겪을 수 있다. 책 한 권에는 다양한 음운 변화와 낯선 어휘가 넘친다. 한글을 뗀 실력만으로 바로 진입하기 어려운 상대가 바로 책이다. 한글떼기가 목적인 교재와

차원이 다르다.

성인이 프랑스어를 배운다고 가정해보자. 문자와 조음원리를 배웠다고 해서 프랑스어 책을 바로 읽을 수 없는 것은 당연하다. 글자가 적고 그림이 가득한 책이라도 몇 쪽을 혼자 넘기며 읽는 건 벅차다. 게다가 문자를 소리로 겨우 읽고 있는데 내용까지 파악하는 것은 여간 어려운 게 아니다. 한글을 겨우 뗀 아이에게 책을 유창하게 읽기 바라는 것은 이와 비슷하다. 한글떼기 기간이 짧다는 건 다양한 글을 읽을 기회가 적었다는 뜻이다.

과하게 걱정하는 부모의 한숨에 아이는 불안과 죄책감을 느낄 수 있다. 한글해득과정에서 읽던 교재, 쉬운 그림책과 추억이 담긴 유아기 책을 스스로 천천히 읽도록 기회를 주고 곁에서 함께 읽어보자. 한글떼기에 시간이 필요하듯 유창하게 읽기까지는 많은 시간이 필요하다.

아이가 어떤 과정으로 한글문해교육을 완성했는지 살펴보자. 낱말, 문장, 단락 등 어떤 수준까지 편하게 읽는지 파악해야한다. 지금 아이가 읽는 수준보다 더 쉬운 단계로 접근해야 아이가 뒤로 물러서지 않는다. 느리지만 제대로 읽는 연습을 꾸준히 한다면 금세 변하는 아이를 발견할 것이다. 함께 읽고 칭찬했더니 한 달 이내에 읽기가 훨씬 좋아지는 아이들이 많았다.

"한글을 뗐다고 곧장 책 한 권 잘 읽기는 어렵다. 아이를 재촉하지만 않으면 아이는 조금씩 자신감을 얻고 읽기에 도전하게 된다."

시키면 잘 읽는데 스스로는 안 읽어요

"정말 답답해요. 다른 아이들보다 한글도 빨리 뗐어요.
읽어보라고 사정하면 가끔 읽어요. 잘 읽거든요. 그런데도
안 읽으려고 해요. 처음 한글 뗐을 때 사람들이 다 부러워했거든요.
그런데 지금은 한참 늦게 한글을 뗀 유치원 친구보다
더 책을 못 읽는 것 같아요."

한글을 빨리 뗐다는 것은 다른 아이들보다 일찍 문자와 소리 관계를 이해하게 된 것이다. 한글을 떼고 읽기가 수월해진 아이가 시킬 때만 책을 읽는다면 어딘가 장벽이 있다는 뜻이다.

한글을 뗀 아이들이 읽기는 유창한데 혼자 읽기를 거부한다면 이유는 다양하다. 마음속에 '읽기'라는 행위를 싫어할 만한 요소가 분명 존재할 것이다. 그것을 파악해야 책 거부를 넘어설 수 있다. 첫 번째로 디지털 기계에 익숙한 경우다. 요즘 아이들은 태어날 때부터 미디어와 함께해왔다. 부모의 스마트폰으로 게임을 하거나 유튜브를 시청하고 태블릿을 이용해 '읽어주는 앱'을 실행할 수 있다. 읽어주고 보여주는 편리와 재미를 누

리다가 스스로의 힘으로 책을 읽으려면 여간 힘든 게 아니다. 문자를 해독하고 소리를 떠올리고 그 소릿값이 담은 낱말의 의미를 생각해야 겨우 내용을 파악할 수 있다. 두 번째로 아이의 심리나 성향을 염두에 둘 필요가 있다. 완벽주의 성향의 아이라면 능숙하지 않은 자신의 읽기가 못내 불만족스러울 수 있다. 농담을 빙자한 부모의 지적에 자존심이 상하거나 책 내용이 이해가 안 되는데 더듬거리며 읽어나가기 싫은 것이다. 마지막으로 읽기 전 단계인 한글을 배울 때 읽기를 연습하는 과정에서 부모의 태도가 어땠는지 돌아봐야 한다. 그 과정에서 격려를 경험했을지 비난을 받았을지 살펴보자. 아이의 혼자 읽기 거부 증상의 이유와 그에 맞는 방법을 찾아야 한다. 아이와 대화를 시도해서 가르치지 말고 끝까지 들어보자. 이 책을 참고하여 가정에 맞는 방법으로 훈련한다면 아이는 책을 가까이하게 될 것이다. 혹시 자녀가 의무적으로 책을 읽지만, 여가시간에 꺼내지 않는다면 책을 학습의 도구로 여기는 것일지도 모른다. 자유가 주어졌을 때 누가 숙제를 스스로 꺼내서 하겠는가. 이 문제는 뒤에서 더 다루기로 한다.

한글해득 이후 읽기가 숙달될 때까지 힘들었을 아이들의 속마음을 살펴야 한다. 그동안 부모가 주도하는 한글떼기와 책 읽기를 잘 따라준 아이에게 칭찬과 격려를 해야 한다.

음독은 유창한데 내용을 잘 몰라요

"우리 아이는 집중해서 책을 볼 때, 제가 불러도 몰라요.
그런데 내용을 물어보면 제대로 대답을 못 해요. 그럼 만 보는 게 아닐까요?"

부모라면 자녀가 책을 제대로 읽고 있는지 궁금한 게 정상이
다. 혼자 잘 읽고 있어도 더 깊게 읽기를 바라는 게 부모 마음이
다. 책을 쌓고 몰입하는 아이가 대견하다가도 억지로 읽는 게
아닌지 걱정하기 시작한다. '이해가 안되는데 글자만 훑고 있
으면 어쩌나? 잔소리가 듣기 싫어 책으로 도피하는 아이가 있
다는데 내 아이가 그런 것 아닐까?' 잘 읽는데 내용을 모르는
건 큰일이라고 여긴다. 아이가 잘 읽고 내용도 파악하는 데도
불안한 마음이라면 부모의 '읽기 염려증'이라고 말하고 싶다.

아이가 혼자 책을 잘 읽는다면 걱정하지 않아도 된다. 제대

로 읽고 있는지 아이의 행동과 시선과 표정으로 확인할 수 있다. 아이가 읽으면서 혼자 웃는다면, 아이를 불렀을 때 대답이 없다면, 외출해야 할 때 나머지 부분을 마저 읽겠다 고집한다면 잘 읽고 있는 것이다. 스스로 읽다가 와서 책에 대한 이야기를 한다면 더없이 잘하는 것이다. 내용을 어느 정도 파악한다는 증거다. 초등 저학년의 읽기란 독서가 아닌 본격적 독서의 준비단계라고 할 수 있다. 읽기기술을 익히고 내용파악으로 서서히 나아가는 과정이다. 문자해독이 유창해지는 게 의미를 파악하는 것보다 먼저여야 한다. 뜻을 잘 몰라도 글자를 읽는 것이 유창해야 내용으로 나아갈 수 있다. 내용을 파악하는지 점검해볼 필요는 있지만, 잦은 점검은 아이에게 역효과를 낳는다. 엄마의 염려가 아이의 능력을 넘어서는 게 문제의 시작이다. 최선을 다하고 있다고 믿고 기특하다는 칭찬을 하는 게 더 유익할 것이다.

그런데 읽을 줄 알지만 내용을 모르고 건성으로 읽는 아이들이 생각 이상으로 많다. 그래서 부모는 걱정하지 않을 수 없다. 많은 분량을 빠르게 읽는다면 훑어 읽을 가능성이 크다. 답답한 부모는 제대로 읽는지 자세한 질문을 던지는데, 아이가 대답을 못 하는 건 당연하다. 대답 대신 책을 덮어버리기도 한다. 이런 상황이 반복되면 아이를 점검하는 건 더 어려워진다. 대개 학부모의 고민이 이런 내용이다. 아이가 왜 책장을 빨리 넘기는지 살펴보자. 아이가 엄마와 약속한 열 권을 읽고 놀기 위해 책장을 빨리 넘길 수 있다. 책을 읽어야 스마트폰 게임을 할 수 있다면 아이에게 책 읽기는 놀이를 위한 전 단계일 뿐이다. 독서 자체가 즐거운 행위로 자리잡기 전에 뒤로 밀려난다면 안타까운 일이 아닐까.

　내 아이가 훑어 읽는다 해도 절망할 필요는 없다. 이제 읽기의 세계로 발을 들인 아이에게 훈련의 기회는 많다. 서서히 바뀌면 된다. 습관이 되기 전, 건성으로 읽게 만드는 환경을 바꾸거나 제거해야 한다. 문자해독이 유창하다면 내용파악을 잘 하는 데 집중하면 된다. 30분 동안 10권을 읽든 10쪽을 읽든 제대로 읽을 때 보상을 허락한다면 굳이 빠르게 많이 읽을 이유가 없다. 손가락으로 밑줄을 그으며 읽으면 건성으로 빠르게 읽는 습관을 고칠 수 있다. 소리 내서 읽으면 대강 읽을 수 없다. 이렇게 천천히 읽은 후 산책을 가거나 운동하기, 간식 먹기로 보상 한다면 스마트폰 게임을 한다거나 영상시청으로 정신이 흩어지는 것을 막아준다. 책 읽기보다 더 자극적인 활동을 뒤에 배치하지 않는다. 읽기=즐거움이라는 가치를 발견할 때까지, 이야기가 재미있다는 사실을 경험할 때까지 주의해야 한다. 쉽지 않지만 중요한 지점이다.

미디어가 발달한 세상에서는 아이들이 다양한 디바이스를 통해 각종 채널을 클릭 한 번으로 경험할 수 있다. 태어날 때부터 스마트폰과 일체감을 느끼며 자라온 아이들이다. 독서하는 시간과 미디어를 경험하는 시간 사이에 거리를 두자.

음독은 유창한데 내용 파악이 약한 아이는 이 책에서 2, 3단계를 참고하여 다양한 훈련을 시도하면 좋다. 천천히 읽고 모르는 어휘를 대화로 알아가면 서서히 내용을 이해하게 된다. 이 과정이 단번에 되지는 않는다. 문자해독으로 소리 내서 읽기가 유창해지는 데 걸리는 시간보다 내용을 제대로 파악하는 시간이 더 필요함을 알고 여유 있게 아이를 바라보아야 한다.

즐겁게 읽다가도 물어보면 입을 다물어요

"시언이(초2)는 책을 참 좋아해요. 혼자 키득거리다가 모르는 말이 나오면
잘 물어봐요. 그런데 책에 대한 질문을 하면 입을 다물어요.
이야기를 이해하는지 알고 싶은데 말이죠?"

즐겁게 읽는 아이라면 굳이 확인절차를 거치지 않아도 된다.
독서지도에 정보가 많은 열정적인 부모가 있다고 하자. 아이가
책을 읽을 때마다 내용을 복기하도록 간섭한다면 흥미가 떨어
지는 게 당연하다. 읽는 행위를 부담스럽게 여기기 시작하면
책을 싫어하게 된다. 책을 잘 읽고 내용도 파악하는 아이라면
부모는 불안을 거두어야 한다. 독후활동으로 내용을 되짚을 수
있다면 금상첨화겠지만 그것도 너무 잦으면 학습으로 인식할
수 있다. 커뮤니티에 올라오는 독후활동 사진 속 아이들의 미
소가 진짜 웃음이 아닐 수 있다. 독후활동 빈도수는 아이와 의
논한 후 "5번 할래? 2번 할래?"라는 선택지를 준다. 부모가 조

금 아쉬워야 아이에겐 수월한 것이다.

　독후활동을 한다면 쓰기 위주나 학습적 의도를 저변에 두지 말고 생각 확장에 목표를 둔다. 책을 읽고 그림으로 표현하기, 음악과 연결짓기, 필사하기, 몸으로 표현하기, 만들기, 퍼포먼스 체험 등 일상에 녹여 자연스럽게 하는 게 좋다. 필사가 유행한다고 책 한 권 다 쓰게 한다면 읽기뿐 아니라 쓰기도 싫어하게 만드는 꼴이 된다. 지인들의 독후활동 후기에 흔들리지 말고 중심을 잡아야 아이를 세울 수 있다. 아이의 사고력과 창의력이 뒤떨어질까 봐 한숨을 쉬거나 책만 읽고 있는 아이가 불안해 보여 어색한 독후활동을 시킨다면 결국 읽던 책도 읽지 않게 될 수 있다.

　독후활동에 오해가 많다. 독후활동을 하면 아이가 책 한 권을 제대로 잘 이해할 것이라는 믿음이다. 독후활동을 잘하니 내용도 잘 알 것이라고 오해한다. 아이들은 책의 내용을 제대로 몰라도 독후활동을 활발하게 할 수 있다. 책을 대충 읽고도 인상적인 장면이나 그림을 이용해 유창하게 말하고 그림이나 다른 활동으로 거창하게 표현할 수 있는 게 아이들이다. 다양한 채널에 연일 게시되는 활동 영상과 후기에 주눅들지 말자. 독후활동보다 더 중요한 것은 아이가 책 자체에 호감을 느끼고 읽기를 좋아하느냐는 것이다. 독후활동으로 읽기를 좋아하게 될 수도 있지만 과열된 엄마의 의욕으로 아이가 활동에만 치중할 수 있음을 주의해야 한다. 책 내용을 몰라도 다양한 활동 자체는 누구에게나 즐거운 것이다. 독후활동에 목숨걸지 말고 아이의 개별성에 맞춰 조절하자. 엄마표 그림책 수업이나 독후활동을 많이 했다는 고학년 아이가 책을 읽어도 이해를 못한다며 찾아오는 사례가 적지 않다. 책을 싫어하는 아이를 책과 친해지도록 중간 매개로 독후활동을 제공하기에 유익이 크다. 내용을 잘 파악하지 못하는 아이에게 내용이해를 목적으로 적당하게 활용하길 바란다. 아이 혼자 책을 읽도록 방치해왔다면 책으로 대화를 나누거나 간단한 활동을 하는 것을 권하고 싶다. 과하지만 않다면 말이다.

책을 잘 읽고 즐기며 좋아하는 아이라면 엄마가 굳이 내용을 묻지 않아도 된다. 아이들에게 솔직한 심정을 물어보니, 엄마가 좋아하기 때문에 질문에 대답할 뿐, 귀찮고 부담스럽다는 대답이 많았다. 아이를 믿고 지켜볼 필요가 있다. 초1이라면 읽기에 익숙해지고, 자신이 잘 읽을 수 있는 존재임을 확신하는 것만으로도 큰 성과를 얻는 것이다. 읽기에 긍정 감정이 형성되어야 읽기근육이 자라게 된다. 자연스럽게 새로운 어휘를 접해야 이해력이 자연스럽게 올라간다. 책을 좋아하고 잘 읽는 아이들을 살펴보면 부모의 개입이 적은 경향이 있다. 그들은 아이가 질문하면 길게 설명하지 않고 반응해 준다. 아이의 내용 파악이 궁금하다면 따라다니며 책 내용을 점검하지 말고 독해문제를 풀려보자.

아이가 책을 즐거워한다면 독서의 본질인 '재미'에 근접하는 것이라 더없이 반갑다. 사족이겠지만 독서 준비단계인 초등 저학년에 학습만화를 일부러 제공하는 건 만류하고 싶다. 읽기독립을 해야 하는 시기에 만화를 많이 접하면 책을 좋아하고 잘 읽던 아이도 글책(그림보다 글자가 많은 산문책)으로 넘어가지 못한다. 이 시기만큼은 학습만화와 거리 두기를 권한다. 만약 벌써 거실에 비치했다면 아이의 동의하에 창고에 잠시 넣거나 만화 읽기 비율을 낮추길 바란다.

아이가 잘 읽다가 입을 다무는 일도 있다. 아이들의 속마음을 들어보면 이렇다. "엄마가 잔소리하는 게 싫어요. 엄마는 늘 정답을 말해요. 내 말은 안 들어요." 엄마의 질문이나 지적에 대한 아이들의 반응이다. 엄마 눈치를 보며 책을 읽어야 하는 것이다. 정답을 말하지 못하면 어두워질 엄마의 표정이 눈에 선하다. 아이들은 잔소리 때문에 책을 학습하듯 몰두하기도 한다. 학습처럼 독서를 점검하는 것이라면 줄이는 게 아이를 위한 일일 것이다.

같이 읽자고 하면 거부해요

혼자 잘 읽고, 음독도 제법 자연스러운데 유독 엄마와 읽는 걸 싫어하는
아이가 있다. 선우(초1)는 또래보다 책을 잘 읽는 편이다.
느리게 읽지만 혼자 한 권을 다 읽을 때까지 자리를 뜨지 않는다.
그런데 엄마가 도와준다고 몇 번 같이 읽은 뒤로 엄마와 읽는 걸
거부한다고 했다.

"혹시 읽으면서 지적하지 않나요? 아이가 틀릴 때가 많나
요?" 선우 엄마는 아이가 쉬운 낱말을 틀리면 견디기 어렵다고
했다. 완벽주의 성향이라고 했다. 아이는 올바르고 흐트러짐이
없다. 이런 상황에서는 아이가 엄마 앞에서 괜스레 작아지는
걸 느낄 수 있다. 책을 함께 읽을 때마다 선우가 틀리면 그 자리
에서 바로 고쳐줬다고 한다. 틀리는 빈도수가 높은 낱말은 음
운원리까지 설명하다 보니 이야기가 길어지는 상황이 잦았다.

"내가 안 고쳐주면 계속 틀리게 읽잖아요?"

아이의 읽기에서 오류는 다양한 기회를 통해 고쳐진다. 부모
가 무한반복할 필요는 없다. 영상 시청, 학교 수업, 친구와의 대

화, 선생님의 지도까지. 비슷한 실수라 할지라도 다양한 경로를 통해 교정된다. 엄마가 확실하게 설명 한 번 잘했다고 아이가 금세 바뀌지 않는다. 언어는 누적되고 익숙해지면서 성장한다.

"어머니, 선우가 책을 싫어하는 것도 아니고, 하나둘 실수하며 읽어도 전체 뜻을 잘 파악하잖아요. 선우가 읽다가 실수하면 스스로 그것을 발견하고 고치도록 두는 것은 어때요? 자기가 무얼 알고 무엇을 모르는지 구분해야 스스로 고치면서 문제해결력도 자라니까요. 그걸 메타인지라고 해요. 선우의 메타인지를 키우는 기회로 삼으세요. 차라리 함께 읽을 때, 엄마가 선우보다 한두 개 더 실수해보세요. '틀릴 수도 있지, 실수잖아'라고 어머니가 먼저 웃으며 말씀하면 선우 얼굴이 더 밝아지겠죠."

읽어 달라고만 해요

"혼자 잘 읽으면서 굳이 저더러 읽어달래요. 종일 일하고 와서 정신없이 집안일 하고 있는데 계속 따라다니면서 읽어달래요. 다 큰 애가 말이죠. 스스로 똑 부러지게 읽는 애가 자꾸 왜 그러는 거죠?"

소윤이(초2)는 다 큰 애가 아니었다. 스스로 똑 부러지게 자기 할 일을 챙기면서도 유독 읽기 영역에서는 엄마에게 의존한다. 어릴 때 엄마가 열정적으로 책을 많이 읽어주었다고 한다. 그 시간을 추억하고 싶은 소윤이의 마음이 아닐까? 아이들은 엄마가 책을 읽어줄 때 내용도 재미있지만 자신에게 관심이 집중된다고 느끼기 때문에 좋아한다. 동생들로 소란한 집안 소음이 잠재워지는 시간이기도 했다. 소윤이는 읽기에 문제가 없었다. 한글도 또래와 비슷하게 떼고 혼자 책도 잘 읽었다. 느려도 글책을 끝까지 읽어내는 편이다. 아이의 읽기독립을 위한 훈련으로 엄마의 읽어주기가 필요한 단계는 아니다. 다만, 아직 엄

마의 목소리가 필요한 어린이라는 점이다. '부모가 읽어주기'
는 아이가 요구할 때까지 하면 된다. 단, 어릴 때 읽어주던 애정
과 관심을 그대로 담아 읽어줘야 한다. 아이의 마음에 부모의
마음이 전달되어 충분히 채워지면 읽어달라는 요구를 그치기
마련이다. 아이가 읽는 글의 양이 늘어나면 엄마가 읽어주는
것은 여전히 좋아하면서도 자신이 읽는 속도보다 느리기 때문
에 더 이상 읽어달라고 요구하지 않게 된다.

엄마가 마음의 여유를 되찾고, 아이에게 읽어줄 날이 많지
않다는 걸 받아들이면 귀찮던 요구도 소통의 신호로 보인다.
엄마가 밀어낼수록 아이는 더 달라붙는다. 엄마가 함께하길 바
라는 아이의 마음을 조금 더 살펴주면 스스로 우뚝 서는 날이
올 것이다.

소리 내서 읽으라면 숨고,
목소리도 작아요

아이가 스스로 잘 읽으려면 소리 내서 읽는 시간이 꼭 필요하다. 음독훈련을 할 때 우렁차게 읽는 아이가 있는가 하면 목소리가 기어 들어가는 아이도 있다. 아이들에게 자기 귀에 들릴 만큼만 작게 읽으라고 하니 한결 편해진 듯 소곤거리며 읽기 시작했다. 성격 문제도 읽기능력의 부실함도 아니었다. 친구들 앞에 드러나는 게 부끄러웠던 것이다. 음독할 때 소리 크기는 목숨 걸 정도로 중요한 문제는 아니다. 교실에서 발표 소리를 키우기 위해서라면 다른 방법으로 연습하면 된다. 굳이 음독할 때 볼륨을 높일 필요는 없다.

가정에서 훈련할 때 아이들의 목소리가 크지 않아 걱정이라는 말을 듣는다. 작은 목소리로 읽어도 된다. 아이 스스로 읽다가 고개를 갸웃하면 그 부분을 다시 읽어보라고 하자. 훈련 1단계 때는 부모가 옆에서 아이의 소리를 귀 기울이는 것이다. 무성(초1)이는 목소리가 작다. 자신감이 없는 아이라며 불안해하는 부모님에게 부끄럽지 않은 아이는 없다고 했다. 읽기훈련으로 틀리는 빈도수를 줄이면 자신감도 생기고 경험을 반복하니 목소리 조절도 점점 잘하게 된다.

목소리가 작은 아이들 중 실수가 반복돼 소리가 작을 수 있다. 성격이 느긋해서 실수를 반복하는 것인지, 원리를 잘 몰라 실수가 잦은 것인지, 어휘를 몰라서 머뭇거리는 것인지 분별해야 한다. 그러기 위해서는 아이 옆에서 잘 들어봐야 한다. 음독이 초기 읽기훈련으로 매우 유익한 방법이라는 걸 아이에게 설명해주자. 눈으로 읽는 게 더 편하다고 하다가도 음독하면 여지없이 실수가 나오는 시기가 저학년이라는 걸 부모는 기억해야 한다.

음독을 훈련하지 않으면 소리 내는 행위 자체를 불편하게 느낀다. 하지만 조금만 생각해 보자. 음독하면 허투루 읽지 않는다. 손가락으로 밑줄을 그어 가며 읽으니 건성으로 읽을 수가 없다. 읽기 수준이나 실수의 정도가 드러난다. 틀리면 다시 읽어야 하니 여간 귀찮은 게 아니다.

아이에게 소리 내서 읽었을 때 좋은 점을 말해주고 동기부여해야 한다. 왜 하는지 이유도 모르고 귀찮은 행동을 하라면 기분이 좋을 리 없다. 아이도 마찬가지다.

"네 목소리를 직접 듣고 확인하면 틀리거나 모르는 단어를 정확하게 알 수 있고, 건성으로 급하게 읽는 습관도 고칠 수 있어."

틀리지 않고 읽으려는 목표가 생기면 흥미가 생기고 성취감도 느낄 수 있다. 아이들은 자신이 왜 그 행동을 하는지 가치를 알아야 조금씩이라도 변한다.

너무 자주 물어봐요

"은찬이(초1)는 한 문장 읽다가 모르는 말이 나올 때마다 묻곤 해요.
너무 자주 물어보니 걱정스러워요. 어휘력이 많이 부족한 것 아닌가요?
접시 물처럼 찰랑거리는 가벼운 성격이라 그럴 수도 있고요.
몰라도 진득하게 넘어가는 점잖은 성격이면 좋을 텐데."

은찬이가 보석같은 아이임을 부모는 눈치채지 못하고 있다.
모르는 말을 묻는다는 건 어휘력이 부족한 탓도 있지만 배움의
태도로는 최상이다. 아이의 호기심이 살아있고, 부모님과 소통
이 잘 되고, 틀려도 혼나지 않는다는 신뢰가 가득하다는 증거
다. 궁금한 것을 해소하지 않고는 견디지 못하는, 앎에 대한 열
정이 귀하고 반갑다.

어린 나이부터 입시를 위해 디자인된 삶을 살아가는 아이들
은 질문하지 않는다. 수업을 마칠 때쯤 누군가 질문하면 아이
들의 눈초리가 가히 무서울 정도라고 한다. 서열화를 의식한
주입식 학습을 어릴 때부터 수행하느라 수동적으로 살아가는

삶에 길든 것이다. 수동적 아이는 질문하지 않는다.

아이들에게 질문을 해보라고 하면 교실 안은 조용하기만 하다. 생각을 물어보면 대답하는 아이가 드물다. 정답을 물을 때는 답을 곧잘 해도 "네 생각은?"을 물으면 "모르겠어요~"를 돌림노래로 읊는다. "빨리 끝내요!"라는 말은 고학년 교실에서 흔하다. 아이들의 읽기 부재가 갈수록 심각해져 어휘력 약화와 이해력 저하가 걱정스럽다. "모르는 낱말을 표시해봐" 하고 신문수업에서 아이들에게 요구하면 "다 알아요"라고 합창한다. 빨리 해치우고 싶은 눈치다. 직접 낱말을 짚어 물으면 답을 하지 못한다. 이런 식으로 매번 수업을 마쳐버리면 아이들은 모르는 어휘만 쌓은 채 진도를 나갈 것이다. 그게 과연 무슨 의미가 있을까. 모호함투성이의 텍스트가 점점 많아지고 이해력은 더 떨어지는 악순환이 반복된다.

그런 의미에서 질문이 많은 은찬이의 천진난만함은 보석과 같다. 어설프게 자신이 잘하는 줄 아는 아이들보다 모르는 걸 콕 짚어 묻는 아이의 발전 가능성이 더 크다. 아는 것과 모르는 것을 구분할 줄 알고 적극적으로 묻는 용기가 살아있다. 질문한다는 것은 배움의 기쁨을 안다는 것이다. 자기 주도적인 독서와 학습으로 나아갈 힘을 가진 아이다. 은찬이 부모님은 아이가 물을 때마다 일상언어로 짧게 대답해주기로 했다. 사전을 활용하는 법을 알려주었다. 기계적으로 사전을 찾아 뜻을 받아 적는 게 아니라, 사전적 의미를 일상의 쉬운 의미로 바꾸어 이해하고 활용하는 법이다. 언제 어디서든 모르는 단어를 두고 그냥 지나치지 않길 바라는 마음이다.

어둡던 은찬이 엄마의 얼굴은 아이를 바라보는 시선이 바뀌면서 밝아졌다. 아이가 빈번하게 질문한다면 충분한 칭찬을 부어주자. 단, 집에서는 마음껏 하되 학교나 학원에서는 그럴 수 없으니 낱말 채집수첩을 이용하면 어떨까? 질문이 많으면 친구들의 원망 섞인 눈초리를 감당해야 할 수도 있기 때문이다. 낯선 단어를 만나면 수첩이나 스마트폰 메모에 옮겨 저녁에 간단히 짚고 넘어가는 것도 방법이다.

PART 2

우리 아이 읽기부진에는 이유가 있어요

한글을 잘 몰라요

아이가 책을 멀리하거나 혼자 읽지 못하는 이유는 생각보다 다양하다. 한글을 쉽게 뗀 아이라도 읽기 성장 과정이 자연스러워 보이지만 속사정은 복잡하다. 한글을 제대로 떼지 못한 아이에게 읽기는 산 너머 산처럼 어려운 일이다. 자녀가 한글 부진을 겪으면 부모는 여간 불안한 게 아니다. 어르고 달래도 문자학습에 무관심하고 배우려 들지 않는 아이 때문에 속이 타들어간다. 다른 아이들에 비해 한참 뒤처져 보이는 모습이 안쓰럽다. 아이가 한글을 떼야 학교생활에 지장이 없으니, 초등학교 입학 전 한글해득 부진은 큰 걸림돌처럼 보인다. 부모의 마음을 아는지 모르는지 아이는 천진난만하기만 하다.

초등 1학년 교실에서 한글떼기가 안 된 학생은 수업에 집중하기 어렵고 교과학습 이해도도 떨어진다. 초등학교 1학년의 한글부진은 읽기부진으로 이어져 고학년 기초학력 부진과 연관된다. 초등 1학년 담당 선생님들은 갓 입학한 8세 아이들의 교과수업지도와 생활지도만으로도 시간이 빠듯하다. 하물며 한글을 떼지 못한 학생들을 일대일로 돌보기는 더욱 어려울 것이다. 한글책임교육으로 늘어난 수업과 함께 가정에서 부모와 훈련한다면 아이의 읽기독립에 가속도가 붙을 것이다.

한글을 가르치는 데에는 두 가지 방법이 있다. 의미중심교육과 발음중심교육이다. 전자는 통글자로 한글을 익히는 방법이다. 낱말의 이미지와 연관 지어 학습함으로써 뜻을 떠올리게 한다. 후자는 자모음결합 원리를 익히는 방법이다. 입학 전 한글학습과정에서 아이가 글자를 아는 것 같다가도 모를 때가 있다. 통문자로 한글을 시작한 아이들은 초기 낱말을 습득하는 속도가 빠르다. 그런데 점점 낱말의 종류가 늘어나면 비슷한 낱말을 구분하기 어려워한다. 통문자로 시각적 자극을 주어 쉽게 한글을 접했다면 낱말의 음절을 각각 인식할 수 있게 지도하자. 예컨대 아이가 '강'과 '감'에서 자음 받침인 'ㅇ'과 'ㅁ'의 차이로 소리가 달라지는 걸 눈치채면 그때 음운원리를 더 가르치는 것이다. 이렇게 두 개의 교육방법을 유기적으로 병행하는 것을 절충적 교육방법이라고 한다. 한글 사교육 업체나 교재는 대부분 두 가지를 혼용한 방법으로 교육상품을 제공한다.

음운원리를 한꺼번에 많이 가르치면 아이는 금세 지친다. '아기'와 '아버지'의 음절 차이를 어린아이들은 구분하기 힘들어한다. 그래서 원리이해가 어려운 5~6세 아이들에게는 통문자로 한글교육을 시작한다. 6~7세가 되면 음소원리를 알아들을 정도의 이해력이 발달한다. 문자에 호감을 느끼고 소리 내는 방법을 알고 싶어한다. 시각적으로 음소를 구분할 수 있으면 음운원리를 가르치기에 적당하다.

아이를 세밀하게 관찰하고 호기심을 보일 때 한글 노출을 늘린다. 아이가 통문자 인지에서 음소결합 원리를 조금씩 이해하게 되면 한글을 서서히 떼게 된다. 시간이 조금 덜 걸리냐 더 걸리냐의 문제다. 통문자 노출과 조음원리 이해를 하면서도 몇 번의 정체기를 만날 수 있다. 도무지 늘지 않는 상황이 여러 번 찾아온다. 아이가 하지 않으려고 하면 부모든 선생님이든 장사가 없다. 한 번 닫힌 문은 열기 어렵다. 겨우 아이 마음이 열리면, 음성언어의 세계에서 문자언어라는 세계로 다시 발을 내디딘 아이에게 큰 칭찬을 쏟아부어야 한다. '다른 아이들은 다 해내는 일을 너는 왜 못 하냐'는 비난이나 폄하는 아이의 마음 문을 다시 닫게 만든다. 한글떼기를 마무리하지 못하고 막바지에서 지지부진을 겪는 예가 우리 주위에 많다. 끝까지 인내하며 아이를 대견하게 바라보며 조심스러운 줄다리기를 계속한다.

아이마다 책을 읽지 않거나 못 읽는 이유는 다양하겠지만, 초등 1학년 교실에 20%가 한글해득에 부진을 겪는다고 한다. 한글부진은 읽기독립의 지연이나 실패의 중요한 원인이다. 나아가 모든 학습에 부정적 영향을 미친다. 문자를 향한 마음의 문을 열기 위해 끝까지 격려하며 다정하게 다가갈 때 읽기독립을 이룰 수 있다. 책을 못 읽는 이유의 가장 밑바탕에 한글해득의 부진이나 부실함이 깔려있다면 포기하지 말고 한글해독을 위해 아이와 부모 모두 노력해야 한다.

아이들은 귀찮거나 게을러서 안 읽는 게 아니에요

한글해득보다 혼자 읽고 이해할 수 있는 읽기독립이 더 오래 걸린다. 이 과정을 읽기독립 과정이라 말하고, 혼자 읽을 수 있는 기초읽기능력을 갖추면 '읽기독립했다'고 말할 수 있다. 부모나 선생님은 책을 싫어하는 아이가 읽도록 온갖 방법을 쓴다. 결국 으름장을 놓거나 잔소리를 하면 마지못해 읽는다. 읽기를 회피하는 이유를 아이의 태도나 습관, 기질에서 찾는다. 노력하지 않고, 의지가 약하고, 놀 기회만 찾거나 머리가 나쁘다고 성급하게 판단하기 쉽다.

정현(초4)이 어머니는 정현이 동생의 독서를 걱정했다. 정현
이는 공부나 독서라는 말만 들어도 역반응을 보이는 아이다.
그래서인지 엄마가 저학년인 정현이 동생에게 거는 기대가 컸
다. 정현이도 아직 늦은 게 아닌데 어머니가 많이 실망하고 포
기한 상태였다. '큰아들은 읽기와 상관없는데다 공부머리는 더
더욱 없다'라고 단정지었다. 엄마의 입장과 정현이의 생각은
조금 달랐다. 정현이는 읽기 싫은 감정이 컸다. 읽어도 무슨 말
인지 모를 때가 많아 적잖은 실패감이 깔려있었다. 엄마 못지
않게 아이의 속마음에도 답답함이 가득했다. "어머니, 처음부
터 그러지는 않았겠죠?" 책을 많이 사주고 '읽으라'는 말을 해
주는 것 외에 다른 방법을 모르겠다는 어머니의 한숨 어린 말
에 공감했다. 필자도 집에서는 엄마라는 자리에서 헤맬 때가 많
기 때문이다. 정현이 어머니의 심경에 공감하지만 포기는 성급
한 결정임에 분명하다. 초4는 이제 시작해도 늦지 않은 때이다.

책을 거부하는 고학년 가운데 소리 읽기 능력이 부족한 아이
는 소수다. 어휘력이 낮거나 건성으로 읽어 재미를 못 느끼는
경우가 더 많다. 실력보다 어려운 책을 제공받았거나 아이의
독서지구력보다 두꺼운 분량의 책을 읽는 경우가 대부분이다.

우리 아이 읽기부진에는 이유가 있어요

스마트폰의 유혹이나 학원숙제로 시간이 없는 것은 표면적 이유다. 아이들은 '읽으려고 노력했지만 집에 마땅하게 읽을 책이 없고, 읽으려고 꺼내면 어려운 고전에 명작이라 이해가 안된다'는 하소연을 많이 했다. 아이가 읽지 않을 때 포기하거나 비난하지 말고 원인을 제대로 파악해야 한다. 포기한 아이도 다시 눈 뜨게 하는 '읽기 독려 방법'이 있다. 고학년 독포자(독서 포기한 자)에게 분량이 적으며 쉽고 재미있는 책을 건네주는 것이다. 포기하기는 이르다. 초등 4학년이면 아직 꽃을 피우지도 않은 새싹이니 말이다. 미디어에 넘쳐나는 수많은 독서영재의 기준에 내 아이를 비교하면 안 된다.

고학년이라도 독서를 거부하거나 읽어도 내용을 이해하지 못하는 아이에게 쉬운 책이나 관심 분야 책을 줄 필요가 있다. '만만하고 쉽고 이해가 되는 책' 앞에서 아이들의 무너진 자존심이 살아난다. 잘 읽는 친구들 앞에 주눅들었던 마음이 누그러지고 다시 기운을 차리게 된다. 아이들도 포기한 척하지만 방법을 몰라서일 뿐, 자신의 가능성 앞에 눈을 반짝인다. 잘하고 싶지 않은 아이가 어디 있을까.

제대로 읽은 책이 없다는 고학년 학생을 코칭했다. 독서라고는 전혀 접하지 않은 아이였다. 학습 성취도 낮고 학교생활도 소극적인 아이였다. 또래보다 느린 수준이라 기준을 많이 낮추어 책을 정했다. 저학년에게 리뷰가 좋은 책, 아이들이 읽고 "이 책 진짜 재미있어요."라고 별 다섯 개를 매기는 책, 깊이가 있는 그림책을 권했다. 고양이에 관심이 많은 아이라서 취향을 고려한 책도 중간에 선정해주었다. 일단 분량이 짧은 것이 공통점이었다. 아이는 아무리 재미있어도 20분을 넘기지 못했다. 하루에 분량을 정해 나눠 읽게 하거나 적은 분량이면서 재미있는 책을 권했다. 읽기능력이 급상승하지 않았지만 1년이 지나면서 자신감이 살아났음을 알 수 있었다. 학교나 학원에서 능동적이고 활발한 성격으로 바뀐 걸 모두가 알아볼 정도였다. 그러면서 아이는 '잘 읽고 싶은 욕구'를 은근 비쳤다. 읽는 시간을 5분씩 추가하면서 수개월을 훈련하니 아이는 한 시간 동안 거뜬히 읽어냈다. 독서시간 지구력이 생긴 것이다. 물론 쉬운 책을 주로 읽지만, 읽기능력과 함께 읽기에 대한 감정의 회복이 아주 중요함을 깨닫게 한 사례다. 아이의 현재를 성급하게 재단하고 '안 되는 아이'라고 판단하지 말아야 한다. 아이의 시간은 어른의 시간보다 탄력적이라 마음이 바뀌면 금세 자랄 수 있는 유연함이 있다. 아이들의 놀라운 초능력을 믿어줘야 한다.

독서는 혼자 하는 활동이지만 피아노나 태권도처럼 능숙한 단계에 이르기까지는 훈련이 필요하다. 부모가 조금만 신경 쓰면 할 수 있는 훈련이다. 이 책에서 제시하는 방법은 현실적이고 가성비가 좋아 교구를 살 필요가 없다. 또한 부모가 탁월한 전문가가 될 필요도 없다. 집에 널브러져 있는 책을 이용하면 된다. "아주 쉽죠?" 쉽게 그림 그리는 밥 로저스 아저씨도 인정할 수준이라는 사실. 저학년 때부터 읽기독립 시기를 잘 보내도록 코칭을 해주면 고학년이 되어서 아이를 섣부르게 포기할 일은 없을 것이다. 읽기능력은 언제라도 치고 올라갈 기초가 된다.

일상 말하기능력과 읽기능력은 다르다

말하기는 태생적으로 자연스럽게 성장한다. 많이 들으면 말하기는 누구나 할 수 있다. 미국의 한 연구에서 만 1세~3세까지 아이들의 언어 상호작용을 분석한 결과 아이들 저마다 언어 사용 빈도와 언어의 질적 수준이 4배 이상 차이가 벌어졌다. 그것은 아이의 어휘량과도 유의미한 관계를 보였다.

24개월 전후로 아이의 언어는 폭발한다. 말이 터진다고 하는 시기가 이때다. '엄마, 아빠, 밥, 까까, 응, 예'처럼 일음어나 이음어를 사용하다가 두 개의 낱말로 의사를 전달하기 시작한다. '엄마 밥, 저기 가자, 불 꺼, 아빠 싫어, 사탕 좋아'와 같이 내용이나 의도가 담긴 소통을 하게 된다. 그러다가 점점 문장으로 표현하기 시작하고 예상치 못한 말들을 쏟아낸다. 음성언어의 인풋이 말이라는 아웃풋으로 발현되는 것이다. 조음장애나 심리적 거부감이 없다면 듣기와 말하기는 자연스럽게 성장한다.

읽기는 말하기와 달리 부자연스러운 활동이다. 의식적으로 훈련해야 획득할 수 있는 능력이다. 구어체를 사용하는 말하기와 문어체로 쓰인 글을 읽는 것은 다른 능력을 발휘해야 가능하다. 언어노출이 잦고 질적 수준이 높은 어휘를 많이 접하면 말을 잘할 가능성이 크다. 반면 글자를 소리로 읽는 과정은 훈련이 아니고서는 체득하기 어렵다. 저절로 되지 않는다. 아무리 언어노출이 많았고 말을 잘해도 문자를 소리로 바꾸어 읽으려면 한글을 떼야 한다. 말은 잘하는데 한글을 빨리 이해하지 못한다고 아이를 탓하면 안 된다. 말 잘하는 것과 글자를 판독하는 것은 다른 기능이다. 조음원리를 이해하고 낱자를 자주 읽어 보아야 한다. 문자를 보는 순간 머릿속에서는 정해진 소릿값이 떠오른다. 그렇게 문자와 소리가 잘 연결되면 머릿속에 가상의 이미지가 떠오른다. 훈련을 한 아이가 잘할 수밖에 없다. 말을 잘하는 아이라 해도 훈련을 해야만 잘 읽을 수 있다.●

문자(자음과 모음)의 결합을 눈으로 보고 머릿속에 해당하는 소리가 떠오르는 원리, 소리가 의미로 자연스럽게 연결되는 과

●이 단락에서 읽기능력이란 글자를 소리로 전환해서 읽는 문자해독으로의 읽기능력을 말한다. 내용이해 전 단계로의 소리유창단계를 말한다. 말을 잘해도 문자해독으로의 읽기능력은 훈련을 통해서 획득할 수 있다. 말을 잘해도 읽기는 부족할 수 있다는 취지임을 밝힌다.

정, 이 두 과정이 수월해져야 음독(글자 읽기)이 유창해진다. 한글해득과 문자해독 읽기능력은 내용을 이해하는 독서로 나아가기 위한 기초공사라 할 수 있다.

　지은이(초3) 엄마는 말을 잘하는 지은이 손을 잡고 나를 찾아왔다. 평소에 엄마에게 지지 않을 만큼 말도 잘하는데 책은 멀리하고 문제집 풀이는 실수가 잦았다. 책을 억지로 읽긴 하는데 내용 파악은 제대로 하지 못했다. 아이의 말하는 능력과 독서 능력, 글쓰기 능력은 비례하지 않는다. 부모는 자녀의 타고난 말솜씨에 미래를 희망한다. 말하는 능력과 읽는 능력은 다른 시스템이라는 사실을 모르기 때문이다. 말하는 것은 자연적으로 배운다. 타고난 재능도 영향을 미친다. 읽는 것은 그것과 다르다. 의도적인 훈련이 필요하다. 글자를 깨우치기 위해 다양한 방식으로 학습해야 한다. 자기 주장을 잘하는 아이라도 독서가 힘들 수 있다. 지은이 엄마는 말을 잘하는 딸아이를 믿고 읽기능력을 살피지 못한 과거를 돌아보았다. 추가로 말을 잘한다는 아이가 사용하는 어휘는 생활용어 수준을 벗어나지 못할 때가 많다. 지은이와 엄마는 아이의 말솜씨를 살리면서도 쉬운 수준의 읽기부터 차근차근 훈련을 하기로 결심했다.

읽기는 독해라는 착각

문자해독은 조음원리에 맞춰 글자를 읽는 것이며 독해는 책의 내용을 이해하는 읽기이다. 읽기연습을 시작하는 아이에게 문자해독과 독해를 한꺼번에 요구하는 것은 뇌 활동에 맞지 않다. 김영숙 박사는 그의 저서 〈읽기&쓰기 교육〉에서 사람이 정보를 인지할 때 작업기억과 집중력을 사용한다고 서술했다. 정보를 받아들이는 자원은 한정되어 한 번에 두 가지 작업을 처리하기 어렵다고 한다. 아이들이 한글을 해독해 읽기가 수월해지면 남은 자원을 내용파악에 사용할 수 있다. 더듬거리며 읽는 것에 온통 에너지를 쓰면서 내용파악을 할 수 없다는 말이다. 독해는 유창한 문자해독 다음 단계이므로 저학년, 특히 초등학교 1학년 아이라면 문자해독이 자동화되도록 신경써야 한다.

조음원리를 이해한 아이가 그 원리대로 읽기훈련에 전념해야 문자해독 자동화가 빨리된다. 소릿값대로 잘 읽을 수 있을 때 내용파악에 힘을 쏠 수 있다. 내용을 묻지 않기를 신신당부하지만 부모들은 늘 반대로 행동한다. 읽기를 술술 하면 그때 의미를 물어봐도 늦지 않으니 믿고 기다려보자. 문자해독 과정에서 독해를 요구하는 건 과한 욕심이다. 문자해독 자동화가 내용을 이해하는 독해로 성장하고 그것이 생각하는 읽기로 발전하게 된다. 기초가 탄탄해야 다음 단계가 순조로워진다. 읽기훈련 초기 몇 달만 내용에 대한 질문을 멈춰보자.

글자읽기와 독해의 차이를 다른 관점에서 살펴보자. "읽었는데 왜 내용을 이해 못 하니?"라고 엄마가 면박을 주면 아이는 '나는 글자를 읽지만, 내용을 이해 못 하는 부족한 아이구나'라고 생각한다. 읽기독립 초기 아이들이 한 번에 두 가지를 할 수 없다는 사실을 기억하자. 한글도 어느 정도 뗐겠다 책을 더듬더듬 읽으니 내용파악은 당연한 줄 아는 학부모가 의외로 많다. '무슨 내용이야? 무슨 내용이 제일 재미있었어?'라는 질문을 자주 했노라 후회하는 엄마도 많았다. 읽기와 독해가 다르다는 것만 인지해도 아이가 달라 보인다. 느리지만, 문자를 해독하려 애쓰는 아이가 고맙고 대견해 보일 것이다. 이웃집 아이보다 느리고 뒤처진다고 원망하던 마음이 줄어들게 된다. 아이의 읽기독립을 위한 훈련 초기라면 글자를 유창하게 읽는 '문자해독 자동화'에 집중하도록 하자.

독서교육에 대한 정보가 넘쳐난다. 많은 정보에 부모도 긴장하고 아이도 지친다. 부모의 기대는 아이의 능력을 넘어선 때가 많다. 원리대로 소릿값을 찾고 내용도 파악해야 하고 인상적인 장면까지 기억해야 엄마의 질문이나 독후활동에 대응할수 있다. 저학년이라면 부모 기준을 낮춰야 한다. 한 번에 하나만 할 수 있는 아이의 뇌를 기억하고 유창하게 문자해독을 하도록 지도하자. 그런 다음 점차 기준을 높이면 된다. 문자해독과 의미파악을 한꺼번에 이루면 좋겠지만 스스로 읽을 수 있을때까지 기다려주는 게 가장 중요한 부모의 태도이다. 아이는 읽기가 유창해지고 내용을 스스로 파악하게 되면 재미있는 장면을 저절로 말하게 된다. 표현할 때까지 조금만 기다려주면 어떨까? 의미 파악에 매이지 않으면 아이는 즐겁게 글자읽기를 즐길 수 있다.

찾아오는 아이들에게 소리 내서 읽어 보라고 하면 읽기 어려워하는 아이들이 많다. 중간에 막힐 때마다 나를 쳐다보면 '괜찮아. 계속 읽어도 돼'라는 눈빛으로 대답한다. 아이가 다 읽을 때까지 곁에서 지켜본다. 아이의 습관, 아이의 실수, 아이의 마음을 살핀다. "내용을 몰라도 되니 이렇게 여러 권 천천히 또박또박 읽는 연습을 하자"라는 말에 아이들은 당황한다. 틀리지 않고 천천히 읽기만 해도 아이들은 얼추 내용을 파악한다. '글자만 읽으라'는 말은 심리적 부담을 덜게 하고 오로지 문자해독에만 집중하게 한다. 이렇게 몇 번만 하면 아이는 점점 내용보다 글자에 집중하며 틀린 글자를 스스로 고쳐 읽는다. 성급한 태도를 스스로 제어하고 느리게 읽으려 한다. 뜻을 파악하지 않고 글자읽기 연습을 하자 몇 주 지나지 않아 읽기가 좋아졌다는 피드백이 많았다. 특별한 방법으로 훈련하지 않았지만 아이들이 변하기 시작했다. 아이들은 마음에 부담이 줄어야 글자를 유창하게 읽게 된다. 한 번에 하나만 생각하게 하자.

문자해독과 독해는 다르다. 가정에서도 아이들에게 이런 확신을 심어주면 어떨까? 문자해독과 독해과정을 분리하기. '네가 이해를 못하는 게 당연해. 지금은 글자를 소리 내서 잘 읽는 단계란다. 일단 술술 읽기만 하자.' 부모의 생각 변화가 먼저다. 불안 때문에 지적하고 질문하는 것이라면 그 행동을 멈추어야 한다. 읽기가 한두 달, 한 학기 늦어진다고 걱정스러워 재촉하면 더 느리게 갈 수 있다.

읽기에 대한 부정적 감정

"무슨 내용이야?" 이 책을 읽는 독자라면 읽기훈련하는 아이에게 이런 질문은 삼갈 것이다. 읽기가 미숙한 아이에게 내용 파악을 묻는다면 아이는 책에 부정적인 감정을 갖게 된다. 긍정적 감정일 때 학습이나 독서의 효율이 더 높다는 건 뇌과학으로 밝혀지고 있다. 노규식 원장은 〈공부는 감정이다〉에서 공부에 대한 감정을 긍정적으로 만들어야 한다고 강조한다. 긍정의 감정은 자기 효능감에서 나온다. '나는 잘 할 수 있는 사람이야'라는 생각은 읽기에 그대로 적용된다. '나는 잘 읽을 수 있어'라고 생각하며 읽기훈련을 하는 것과 억지로 읽는 것은 천양지차다. 읽기독립 과정이 짧든 길든 좋은 감정을 유지하면서 읽기에 임할 수 있도록 환경을 제공해야 한다.

읽기부진을 겪는 고학년 대부분이 책에 대한 나쁜 감정을 가지고 있다. 하루 이틀 쌓인 게 아니다. 최소 몇 년 동안 누적된 것이다. 부정적 감정은 한글떼기나 읽기독립 과정에 쌓인 경우가 많다. 부모의 강요로 책을 읽었거나, 읽어도 이해하지 못했던 독서 실패 경험이 큰 몫을 차지한다. 읽기가 미숙하고 내용도 이해가 안 되니 그냥저냥 대충 읽는 시늉만 했던 것이다. 이런 습관대로 학년이 올라가면 독서능력의 수준, 어휘력의 격차는 또래보다 더 벌어진다. 문자를 거부하며 읽기가 싫다 보니 독서에 집중하거나 흥미를 느낄 수 없다. 읽기를 싫어하는 감정이 독서부진을 낳고 이어 기초학력부진으로 드러난다. 학력부진을 사교육으로 해소하려고 하지만 임시방편이 되기 쉽다. 교실이든 학원이든 집에서든 나쁜 읽기 감정으로 책장을 넘기는 것은 무의미하다. 머릿속에 남는 것이 없다.

그렇다고 희망이 없지 않다. 부정적 읽기 감정을 가진 고학년이라면 쉬운 책을 꼼꼼하게 정독하며 건성으로 읽는 습관을 고쳐야 한다. 연필로 줄을 그으며 천천히 읽고 모르는 낱말에 동그라미를 표시한다. 낯선 어휘의 쓰임새가 눈에 들어온다. 읽기독립 초기에 닫혔던 부정적인 마음이 열리면 느리더라도 성장할 수밖에 없다. 읽는 행위보다 읽기 감정이 먼저다. 아이를 비난하고 다른 아이와 비교하는 마음을 접고 다정한 태도를 유지한다면 아이는 책으로 돌아오게 된다.

읽기를 거부하는 아이들의 마음속에는 부정적인 감정이 숨어있다. "책 읽기가 제일 싫어요."라는 말을 들춰보면 '읽어도 이해가 안 돼요. 잘 못 읽는 걸 들킬까 부끄러워요'라는 마음이 깔려있다. 많이 읽어도 만족스럽지 않은 독서에 성취감이 낮아지고 무기력해진 것이다. 그런 아이들에게는 '이렇게 쉬워도 되냐'고 할만한 책을 읽도록 허용한다. 아이들은 만만하게 읽다가 문자와 친해지고 서서히 재미를 느낀다. 어느 순간부터 시계를 보지 않는 아이가 된다. "어, 벌써 시간이 지났어요? 마저 읽고 싶은데." 읽는 재미를 느낀 아이 속마음은 이렇다. '내가 줄글책을 읽을 수 있다니. 이런 두께를 읽어내다니. 나는 할 수 있구나. 책이라는 게 재밌는 거구나.'

준우(초3)가 꼭 그랬다. 6개월을 "싫어요. 못해요. 어려워요. 일찍 갈래요."라고 노래를 불렀다. 그런데 짧지만 재미있는 책에 빠져 어느 순간 조용해진 아이가 되었다. 읽기란 쉬운 것이라는 자신감이 쌓여야 한다. 그래야 읽기를 긍정적으로 느낀다. 긍정 감정이라는 자양분이 있어야 책이라는 바다를 제대로 즐길 수 있다.

읽을 시간과 여유가 없어요

항상 거론되는 독서가 요즘엔 더 중요해졌다. 수학이 입시당 락의 주요 과목이었다면 언어영역도 한몫을 차지하기 시작했 다. 많은 아이들이 초등학교 3학년 이후 독서에서 멀어지고 있 다. 중등 입학 후에 독서를 하지 않는 아이는 급격히 늘고 있는 실정이다. 그와중에 독서를 잘하는 것은 아주 중요한 입시 성 공 요인이 되고 있다. 읽지 않거나, 읽지 못하는 학생들 사이에 서 '잘 읽는 것'은 하나의 능력이 되고 있다. 어린이 도서는 점 점 더 많이 팔리고, 거실은 티브이 대신 서재로 바뀌는데 책을 싫어하는 아이는 더 많아지고 있다. 사교육에 바빠서 독서할 시간이 없다는 게 주요 원인이다. 읽을 시간이 있더라도 마음이 벌써 지쳐서 독서를 거부하는 것이다. 독서가 취미라고 잘 읽던 아이들도 초등학교 고학년이 되면 학원 다니고 숙제하느라 읽을 시간이 없다고 호소한다. 바쁜 스케줄에도 자투리 시간을 아껴 독서에 매진하는 아이들은 희귀할 정도다. 초등 고학년이나 중고생뿐 아니라 초등 저학년들도 책 읽을 여유가 없기는 마찬가지다.

요즘 아이들은 날 때부터 디지털 기술을 접하며 자란다. 손만 뻗으면 다양한 매체를 사용할 수 있다. 터치 한 번으로 누구든 만날 수 있다. 모르는 정보를 단숨에 검색하고 영상으로 뭐든 친절하게 배울 수 있는 세상이다. 지식과 정보를 '보고 들어서' 습득하는 편리한 세상이다. 굳이 '읽기'라는 복잡한 능력을 발휘하지 않아도 된다. 얕은 배움에 익숙해져 곱씹는 읽기는 인기가 없어진 지 오래다. 비단 우리나라만의 문제가 아니라 전 세계가 앓고 있다. 볼거리 즐길거리가 많은 환경은 독서에는 치명적이다. 과중한 학업부담을 감당하는 아이들은 빠른 속도로 책에서 멀어지고 미디어에 매달린다. 이런 시대에 지면으로의 책 읽기만 주장할 수 없다. 디지털 세대에게 책은 어떤 느낌일까? 책이라는 평면적인 매체에 동기부여를 받기 쉬울까?

더 큰 문제가 있다. 읽기에 능숙하지 않는 아이가 책이 아닌 디지털 기기를 자주 접하고 여가를 즐긴다면 책의 즐거움에 빠질 수 없다는 점이다. 미디어의 유혹을 이겨내기란 어른에게도 하늘의 별 따기와 같으니 말이다.

저학년 아이들도 삼삼오오 모여 스마트폰을 자랑하고 서로 영상을 보여준다. 소통은 학교 밖까지 이어진다. 바쁜 일정에 지친 마음을 화려한 영상으로 달랜다. 저학년이라도 친구들 사이에서 중심에 서고 싶은 마음 때문에 더 재미있는 영상을 찾고 공유하기도 한다. 넷플릭스나 웨이브와 같은 유료 채널을 통해 영화나 티브이 프로그램을 무한대로 볼 수 있다. 좋아하는 방송을 위해 기다릴 필요가 없다. 이러한 편리성에 익숙한 아이들이다. 뇌 전체를 다 사용해야 하는 독서가 번거롭게 느껴지는 것은 당연할 것이다.

그래서 읽기독립 시기가 더욱 중요하다. 독서능력은 입시에만 관여하지 않는다. 빠른 속도, 화려한 영상미로 무장한 정보가 매일 쏟아진다. 가치있는 것과 가치없는 것, 필요한 것을 구분하는 일은 개인의 몫이다. 저학년 읽기독립 시기를 보내며 책을 좋아하고 읽기의 재미에 푹 빠져본 아이라면 미디어의 짜릿함에 혹하다가도 책으로 안위를 얻는 삶을 병행할 수 있다. 그런 의미에서 읽기독립이 되지 않은 아이라면 미디어 노출을 줄이고 스마트폰 사용에 제한이 절실하다. 읽는 행위로 배움의 기쁨을 느껴보고 이야기가 끌어당기는 묘미를 맛보지 못하면 아이들에게 책은 구시대의 유물이 될 것이다.

읽을 여유가 없는 아이들의 일상으로 다시 돌아가보자. 아이들 중 다수가 영어, 수학, 예체능 학원에 다닌다. 모든 학습의 기초가 되는 독서를 배제한 채 선행으로 영어와 수학을 준비한다. 아이들이 읽기를 싫어하기 전에 부모가 읽을 환경을 제공하지 않는 것 아닐까? 다 잘하고 '독서'까지 잘하라는 것은 과중한 요구다. 지나친 사교육은 아이들을 지치게 한다. 책을 읽을 여유를 앗아간다. 여유가 없고 불안할 때 스마트폰으로 스트레스를 푼다. 아이들이 이런 악순환을 반복하고 있다면 문제는 심각하다. 부모가 정해준 학원 스케줄로 편하게 놀 시간도 없다. 친구를 만나 자전거 한번 마음대로 탈 수 없다면 아이는 얼마나 답답할까?

부모는 자녀의 사교육을 다이어트해야 한다. 아이 스케줄에 공백을 만들어 목적 없이 놀 수 있는 시간을 허락해야 한다. 빈틈이 생겨야 독서라는 것이 들어갈 수 있다. 저학년 시기는 영어단어 몇십 개를 암기하는 것보다 읽기능력을 갖추는 것이 훨씬 더 중요하다. 다른 건 줄여도 독서만큼은 줄여서는 안 된다.

배경지식 꽝, 어휘력 꽝

　언어학의 대부인 노암 촘스키는 '사람은 태어날 때부터 언어 습득 장치를 갖추고 있어서 음성언어를 쉽고 빠르게 배울 수 있다'고 밝혔다. 이것을 언어의 창조성이라고 한다. 아이들은 소리로 입력되는 정보를 받아들이며 자란다. 들은 것이 쌓이면 어느 시점에 말문이 트이고 놀라운 속도로 언어능력이 발달한다. 문자언어를 배우기 전 아이들의 뇌는 음성언어가 가득하다. 다양한 경험과 대화는 배경지식이 된다. 배경지식은 어휘라는 형태로 기억장치에 쌓인다. 자연을 많이 접한 아이는 생물 분야 배경지식이 많아 그와 관련된 어휘를 많이 알고 있다. 배경지식이 기초가 되어 다른 지식으로 확장된다. 외부 자극이 많아 배경지식이 풍부한 아이는 더 많은 정보를 흡수하게 된다. 그런 아이가 문자언어를 장착하면 읽기독립에 날개를 달게 된다.

한글을 적당한 시기에 뗐다는 현우(초2)는 글자를 술술 읽지만 내용을 이해하지 못했다. 한 쪽을 읽고 무슨 내용인지 모른다고 했다. 많이 읽으면 좋아질 거라며 엄마는 매일 읽기를 시켰고 현우는 질문 한번 없이 책을 읽었다. 상담해보니 현우는 기본적인 낱말의 뜻도 잘 몰랐다. 기본 어휘가 또래보다 턱없이 적었던 현우는 읽어도 이해가 안 되는 책을 붙들고 2년을 보낸 것이었다. 착하고 순응적인 성향이라 반항하거나 질문하지 않아서인지 엄마는 또박또박 잘 읽는 현우의 상태를 인지하지 못한 것이다.

환경자극이 적고 배경지식이 부족하면 어휘력이 낮아 읽어도 이해를 못 한다. 아이들이 모르는 낱말을 그냥 지나치면 계속 모호한 채 나아지지 않을 수 있다. 학년이 높고 글자를 잘 읽는다고 내용을 이해하는 건 아니다. 학습부진인 아이들은 모르는 것을 그냥 넘겨버린다. 모르는 것과 아는 것을 분명하게 구분하지 못한다. 내용을 물어보면 전반적인 이해가 떨어진다. 저학년부터 낯선 어휘를 얼렁뚱땅 방치하면 시간이 흐를수록 누적량이 많아진다. 예를 들어 하루에 3개의 낱말을 모른채 넘어가면 1년이면 1,100개 가량의 어휘를 놓치는 꼴이 된다. 으름이라는 단어를 들어본 적 없으면 으름장을 읽고도 뜻을 모른다. 산기슭이나 마을 어귀를 들어본 적 없으면 '기슭'과 '어귀'를 이해하지 못한다. 낯선 어휘는 제대로 짚고 넘어가야 '나의 어휘'로 새길 수 있다. 배경지식의 부재는 어휘력의 부족을 낳는다. 그 상태를 그냥 두면 읽어도 이해 못 하는 읽기부진을 겪을 수밖에 없다.

아이들은 아는 어휘만큼만 이해한다. 이해하니 더 많은 배경지식을 알게 되는 선순환을 경험한다. 기초가 약하면 그 위에 높이 쌓을 수 없다. 성경 '마태복음'에 나오는 '가진 자가 더 가지게 된다'는 구절을 빌린 경제학 용어인 '마태효과'가 아이들의 배경지식과 어휘력에도 적용되는 것이다.

엄마의 기준에 질려요

'틀릴 기회를 주세요.'
'자존감의 상처, 자기 주도의 상처, 스스로 고칠 수 있어요.'

첫아이를 낳으면 모든 부모는 난생처음인 육아로 어려움을 겪는다. 아이의 발달이 늦을까 전전긍긍하고 아이의 뇌 발달을 위해 각종 유아용품 트렌드를 섭렵한다. 사교육의 연령층이 점점 낮아지는 이유이기도 하다. 3살 이전의 뇌가 아이의 인생을 결정한다는 마케팅 문구에 조바심을 느낀다. 서툰 육아로 죄책감을 느끼면서 더 좋은 엄마가 되기 위해 폭풍검색을 하면 조기교육 방법이 우르르 쏟아진다.

독서의 중요성을 알리는 정보는 차고 넘친다. 연일 독서 관련 서적이 쏟아진다. 후기가 좋은 책을 허리가 휘도록 들여놓는다. 한글을 일찍 뗐다는 옆집 아이가 대단해 보이고 독서 영재라는 아이가 신처럼 보인다. 내 아이가 빨리, 많이 읽기를 바란다. 반면 아이는 혼자 읽기를 힘들어 피하고, 읽어도 자꾸 실수를 반복한다. 부모는 참을 인을 백만 번 그리다가 아이를 채근하고 윽박지르기도 한다. 완벽하게 잘하길 바라는 마음이 은연중에 드러난다. '괜찮아'라고 말하지만, 표정은 차갑다. 특정 가정의 이야기가 아니라 동시대를 살아가는 우리들 모습이다.

어느 순간 아이는 눈치를 보거나 강하게 읽기를 거부하고 때로는 울음을 삼키며 견딘다. 부모의 기준이 아이에겐 높기만 하다. 아무리 잘해도 도달할 수 없다고 생각하는 아이는 포기하기 쉽다. 아예 의욕을 버리고 영혼 없이 '하는 척'만 한다. 부모가 열정을 줄이고 기준을 낮추면 소통의 접점이 생기고, 읽기독립에 가속도가 붙는다. 항상 부모의 평가를 받는다면 아이들은 그 과업이 부담스럽고 싫을 수밖에 없고, 실수하지 말아야 할 시험으로 여긴다.

부모님과 상담할 때 꼭 하는 질문이 있다. 왜 독서가 중요한지, 독서를 통해 어떤 아이가 됐으면 하는지. 십중팔구 '공부 잘하는 아이'에 목표를 두고 있다. 아이가 실수 없이 읽기독립하길 원한다. 읽기훈련을 할 때 실수하지 않는 아이는 없다. 부족한 읽기능력 때문에 생기는 실수에도 다시 도전할 수 있게 기회를 주자. 실수할 때 엄마 표정이 일그러지지 않아야 한다. 진정성 있는 표정으로 '괜찮아'라고 바라봐야 한다. 그래야 용기를 잃지 않고 읽기를 반복한다. 실수했을 때 지지와 격려를 받았다면 아이가 읽기를 거부할 이유는 없다.

읽기가 숙제라는 생각

독서를 '견디는 행위, 마지못해 하는 활동'이라고 여기는 아이들이 많다. 부모가 주도하는 학습에 지치고 강요받은 독서에 지치면 모든 게 숙제처럼 무거워진다. 아이들이 시간을 때우기 위해 버티기식으로 읽는다면 그 시간은 버리는 시간과 같다.

지수(초1) 엄마는 소위 말하는 센 엄마다. 지수는 엄마 말이라면 두말 않고 따른다. 지수는 엄마가 정한 책, 분량, 시간에 맞춰 읽는 아이다. 그런데 읽은 후 내용을 제대로 이해하지 못해 엄마와 함께 찾아왔다. 음독을 시켰더니 한글해득은 잘된 상태였고 기초 읽기도 유창했다. 그런데 주인공의 이름을 물어보자 당황한 기색으로 전혀 기억하지 못했다. 책 초반에 주인공 이름이 스무 번 넘게 나오는데 그것을 기억하지 못하는 게 더 놀라웠다. 기억력도 좋고 문제집 풀이도 곧잘 하며 발표도 잘하는 아이다. 글자읽기가 유창한 것에 비해 내용파악에 문제가 있었다. 영혼이 탈출한 상태가 아니라면 모를 리 없는 내용이었다. 한 번도 재미있는 책을 만난 적이 없다는 지수는 생각을 멈춘 채 글자를 읽어왔다. 이런 독서는 읽기의 재미를 발견할 수 없다. 부모의 기준에 맞추기 위한 독서는 급하게 하는 숙제와 같다

버티기식 읽기의 원인은 다양할 수 있다. 지켜본 결과 과한 점검을 하는 엄마, 문제 풀이식 공부방법, 비교와 비난뿐인 피드백, 입시를 준비하는 과정으로의 독서가 일부 원인이다. 아이 스스로 책을 선택하고 실수하고 다시 도전해 보는 경험이 필요하다. 부모의 태도가 바뀌지 않으면 아이의 독서 태도는 바뀌지 않는다. 부모가 아이에게 지시했기 때문에 독서는 숙제로 전락한다. 아이의 선택과 자율성이 빠진 독서는 더 이상 아이의 것이 아니다. 아이 스스로 선택하고 성취하는 과정이 아니니 자발적으로 즐겁게 할 수 없는 것이다.

우리 아이 읽기부진에는 이유가 있어요

빨리 읽고 많이 읽는 게 좋다는 착각

"이야, 너 벌써 다 읽었어?"

한 아이가 두꺼운 책을 다 읽자 같은 공간에서 책을 읽던 아이들이 부러움 섞인 탄성을 내뱉는다. 아이는 남다른 독서력을 갖춘 권력자가 된다. 글자가 빽빽한 책을 펼치면 저항감을 느끼는 시기에 두꺼운 분량을 빨리 읽으면 '신'이 된다. 그 친구를 부러워하며 빠른 속도로 읽는 친구의 능력에 감탄한다. 이런 시선을 받아본 아이는 다음 책을 더 빨리 읽게 된다. 몇몇 아이에게 '책을 잘 읽는 아이'가 누굴까 물었다. 두꺼운 책 읽는 아이나 책을 빨리 읽는 아이라는 대답이 돌아왔다. 빠른 속도로 읽는 아이에게 '왜 빨리 읽는지'를 물었더니 빨리 읽었을 때 칭찬을 받은 이후로 더 빨리 읽게 되었다고 했다. 아이들 대부분 두꺼운 책을 빨리 읽는 아이가 대단하다고 평가한다. 아이들은 "굉장히 빨리 읽었네!"라는 말을 칭찬으로 듣는다. 아이들을 건성으로 빨리 읽게 만든 원인은 어른들에게도 있다.

빠른 속도로 책을 많이 읽는 아이가 내용파악은 부진한 경우가 있다. 책 한 권을 금방 읽지만, 건성으로 읽는 습관이 몸에 배었다. 많이 읽으려면 읽는 속도를 빨리 앞당길 수밖에 없다. 아이들이 꼼꼼히 읽지 않고도 책 한 권을 빨리 읽으면 만족한다. 내용이해라는 기준보다 얼마나 빨리 읽었는지를 더 중요시한다. 책을 빨리 많이 읽어야 할 이유가 있을까?

부모들은 수능에 어떤 지문이 나올지 모르니 더 많은 텍스트를 접해야 한다는 양적 독서의 압박을 느낀다. 온라인에도 아이가 책을 많이 읽는 것에 자부심을 느끼는 학부모의 자랑하는 글과 사진이 많다. 아이가 종일 책을 가득 쌓아 읽는 것만큼 부모에게 만족감을 주는 건 없다. 많이 읽으면 언어영역은 다 해결될 것처럼 느낀다. '한 학기, 책 한 권 읽기'라는 슬로건으로 학교교육에서 독서교육을 진행했다. 꼼꼼하게 내용을 이해하며 읽으면 이야기를 오래 간직할 수 있다.

지금은 지식과 정보 습득 그 이상을 요구하는 시대다. 다독으로 아는 게 많은 것보다 알게 된 것을 얼마나 잘 연결할 수 있는가, 문제해결에 활용할 수 있는가가 더 중요해졌다. 다독이 한동안 유행했던 시기가 있었다. 일부 학부모는 아직도 많이 읽는 것이 최고라는 믿음을 버리지 못한다. 이제 정독으로 생각하며 읽는 아이가 리더가 되는 세상임을 기억하자. 지식의 양에 승부를 거는 시대는 지났다. 지식의 양으로는 이미 인공지능을 따를 수 없다. 한 권을 읽어도 제대로 내용을 파악하고 자기 생각과 비교·분석하여 적용하는 독서법이 중요해졌다.

아직도 과거의 교육방식을 고수하는 학부모가 많다. 더 많은 정보를 더 빨리 습득하고 저장하기를 바란다. 세상은 바뀌었는데 공부법은 몇십 년 전에 멈춰있다. 주입식 교육이 아닌 자기주도적 독서와 학습을 요구하는 시대지만 과거 방식 그대로를 고수하는 가정이 많다. 많이 읽으면 더 앞설 것이라고 희망한다. 책에 호감이 없는 아이들은 책이 늘어날 때마다 가슴이 점점 답답해진다. 속마음을 숨기고 잔소리가 들리면 책을 열 권 꺼내 든다. 30분이 채 지나지 않아 말한다. "다 읽었어." 엄마는 불신의 눈빛을 보내며 한숨을 쉰다. 믿을 수 없으니 어떤 내용인지 물어보기 시작한다. 엄마의 두루뭉술한 질문에 기지를 발휘해 그림으로 파악한 줄거리를 말한다. 책 내용을 잘 모르는 엄마는 더 말을 잇지 못하고 씁쓸한 표정을 짓는다.

처음부터 아이들이 빠른 속도로 다독을 자처하지 않았을 것이다. 대충 빨리 읽는 방법이 통했기 때문에 건성으로 책을 읽기 시작했을 수 있다. 두꺼운 책을 읽을 때, 빠르게 읽을 때, 많이 읽을 때 하는 칭찬은 나쁜 독서 습관으로 굳어질 수 있다.

엄마의 불안과 비교

우리나라는 문맹률은 낮지만 성인 실질문맹률이 높은 나라이다. 성인 1년 평균 독서율이 매우 낮은 게 현실이다. 초등학생은 이와 달리 평균 독서율이 높다. 가정당 어린이 도서 보유량도 우리나라가 월등히 높다는 통계도 있다. 과거부터 독서의 중요성은 항상 강조되어 왔는데 초등학교 고학년까지 유지되던 높은 독서량이 급격히 떨어지는 이유는 무엇일까? 영유아기부터 책에 노출되면 언어발달이 빠르고 배경지식의 증가로 어휘력이 늘어난다. 어휘력은 이해력을 가져오고, 이해력은 공부머리와도 연관되어 있다. 어릴 때 책을 좋아했지만 지금은 조금 멀리하는, 심리적 거부감을 드러내는 아이들의 부모는

'어릴 때 책을 좋아하고 잘 읽었다'고 하지만 아이에게 물어보니 '좋아하지 않았다'고 말한다. 부모와 아이의 입장에서 차이가 나는 시선은 무엇 때문일까?

　학부모에게 요즘은 호시절이자 불운의 시절이다. 교육 정보의 거대한 물결에 휘둘리기 때문이다. sns에 정보들이 넘쳐난다. 일부는 진정성이 있지만, 대부분 상업적 이익을 위한 교육 상품이다. 선별하고 적용하는 것은 오롯이 개인의 몫이다. 제아무리 특효약이라 한들 내 아이에게 맞지 않으면 소용없다. 자녀를 잘 키워보자는 부모의 열정이 온라인 게시글이나 인증 사진에 고스란히 드러난다. 후기나 교육사례를 접한 부모들도 가만히 있을 수 없다. 관련 자료를 프린트해서 아이에게 적용해보고 싶다. 그런데 후기와 달리 막상 내 아이는 시큰둥하기만 하다. 내가 부족한 걸까? 우리 아이가 부족한 걸까? 부모는 불안해진다. 다른 사람들은 교육의 선두를 달리고 있는데 혼자만 뒤처지는 것 같은 기분을 지울 수 없다.

　필자도 부모인지라 아이의 발달에 민감했다. 걸음마가 늦어 날을 세우기도 했다. 말이 빨라 우쭐할 때도 있었지만 신체활동은 느리다고 걱정이 태산이었다. 옆집 아이가 한글을 한다고 하여 우리 집에도 학습지 선생님을 모셨다. 책을 잘 읽는 아이들이 부러워 각종 맘카페에서 활동지를 출력해 아이에게 시도해보았지만 그리 만족스럽지 않았다. 비교하지 않을 수 없는 상황의 연속. 그것이 육아 현실에서는 비일비재하다. 내 아이에게 더 나은 것을 주려는 것이 욕심일까 매일 고민하는 게 부모의 마음이다.

  부모의 불안심리는 비교에서 시작된다. 사방에 존재하는 모든 대상과 아이를 비교하고 우열을 가린다. 결국 불안만 가중된다. 내 아이가 모든 영역이 뛰어나길 바라는 욕심이 저변에 깔려있다. 불안을 이기는 방법이 있다. 아이를 더 나은 존재로 만드는 것이 아닌 고유한 존재로 바라보는 것이다. 읽기독립을 이야기하면서 존재론적 고찰이라니 생뚱맞게 들릴지도 모르겠지만, 부모가 된다는 건 아이를 있는 그대로 받아들이는 과정이다. 아이를 비교로 키우는 것은 아이의 고유성을 존중하지 않는 옳지 못한 태도다. 아이에게 외적 잣대를 들이대고 비교 평가하는 행위가 결과적으로 아이를 해칠 수 있음을 기억해야 한다. 알면서도 학부모가 된 이상 서열화의 거대한 물살을 이겨내기 어렵다. 비교로 아이를 다그친 게 미안해서 매일 밤 눈물로 반성하다가 아침이 되면 무너진다. 능력주의가 만연한 세상이기 때문이다. 능력 있는 자가 가치 있는 존재로 보상받는 세상, 더 열심히 노력한 자만이 기회를 획득하고 이윤을 누리는 게 정당하다는 신념을 붙들수록 아이를 채근하게 된다. '더 빨리, 더 열심히' 세상이 그렇게 흘러간다 해도 부모는 거대한 흐름에서 아이를 보호해야 한다. 부모마저 세상의 가치관으로 아이를 바라보면 아이들은 자신의 고유성을 꺼내보지도 못한 채 자신을 잃고 살게 될 것이다.

독서도 마찬가지다. 독서의 본질을 잃지 않아야 한다. 읽음으로써 알게 되는 기쁨이 있다. 새로운 이야기에 공감하고 눈물을 흘리기도 한다. 독서의 가치는 즐거움이다. 학습능력함양은 독서를 하면서 따라오는 결과일 뿐이다. 학습능력이 중요시되는 입시 중심 서열화 교육의 현장에서 독서 본질에 집중할 수 있는 부모는 흔치 않다. 부모가 독서를 학습으로 연결하는 태도는 현실이라는 압력과 닿아있다. 아이 스스로 재미를 찾기 전에 남과 비교하면서 오롯이 독서를 즐길 수 없게 만든다.

부모가 그러지 말아야지 다짐해도 반복하는 이유는 불안 때문이다. 자녀가 복되게 살길 바라는 마음에 불안해지는 것이다. 이렇듯 부모의 불안은 사랑에 바탕을 둔다. 더 크게 생각해 볼 필요가 있다. 남보다 앞서면 행복할 것이라는 믿음을 버리면 비교가 줄어든다. 성적이 행복의 조건이라는 믿음도 함께 버려야 한다. 자기다움을 일찍 찾고 진로를 정하는 아이가 성공할 가능성이 커지는 세상이다. 아이의 고유성이 살아나는 것에 초점을 맞추면 다른 아이와 비교할 필요가 없다. 아이를 아이답게 키울 수 있다면 성장이 느려도 괜찮다. 그림책 구석의 지렁이를 종일 따라 그리는 답답한 아이가 다시 보일 것이다.

독서는 아이의 고유성을 찾아가는 길이다. 그 길을 느리게 가든 둘러서 가든 방법의 주도권은 아이에게 있다. 한글떼기와 읽기독립에는 의식적인 교육과 훈련이 필요해서 부모의 도움이 필요하지만 본격적 독서로 나아가면 아이가 독서의 주체가 되어야 한다. 부모의 적은 개입으로 아이의 고유성이 살아나길 바란다.

아이의 좌절과 무기력

아이들은 한글을 배울 때 음성언어중심에서 문자언어중심의 세상으로 이동한다. 문자를 몰라도 일상에 불편이 없다고 생각하는 아이는 문자교육이 귀찮고 힘들다. 그러다가 친구들이 읽고 쓰는 것에 자극받아 배우기 시작한다. 문자를 아는 것이 일상에 유익이 많음을 알면 아이는 배움에 속도를 낸다. 통문자로 익히다가 글자가 많아지면 헷갈리기 시작해 흥미가 떨어지기도 한다. 익숙하지 않은 문자와 음가(소릿값)를 외워야 하고 자모음의 결합원리를 기억해야 한다. 천신만고 끝에 한글을 떼면 다음 과정이 기다리고 있다. 내 이름 석 자를 쓰고 부모님 이름을 읽기만 해도 칭찬받았는데 그게 끝이 아니었다. 글자 하나하나 어떤 소리가 나는지 기억해 읽어야 하고 다 읽은 후 무슨 내용인지도 기억해야 한다. 한글떼기와 읽기독립 과정에서 아이들은 성취감보다 좌절감을 많이 느낀다. 배경지식이 풍부하고 어휘를 많이 습득한 아이를 제외하고는 다수의 아이들은 애를 쓰며 걸어가야 할 길이다. 읽기독립 과정은 빠르면 반년, 길면 몇 년에 걸쳐 이루어진다.

　한글해득이 부족한 아이는 혼자 읽기 어렵다. 부모의 도움이 절대적으로 필요하다. 한글떼기를 잘 마무리하면서 읽기 연습을 같이 해야 혼자 읽을 수 있게 된다. 잘 읽는 친구들에 끼어 혼자 잘 못 읽는 것은 부끄러운 일이다. 잘 읽을 수 있으려면 아이의 노력과 함께 어른의 도움이 필요하다. 읽기독립 초기는 부모가 방치하지 말고 '보이지 않게 개입'하는 게 절대적이다. 이 시기를 방치하면 아이의 읽기부진은 오래갈 수 있다. "한글을 뗐으면 혼자 읽어야죠."라는 말을 초등학교 1학년 1학기에는 하지 말아야 한다. 조급한 마음에 언성을 높이면 아이는 더 실수하고 위축된다. 누구나 주눅들면 실수가 잦아지는 법이다. 마음에 쌓인 부정적 감정은 아이의 의욕을 꺾기에 충분하다. 아이는 작은 말씨에 토라지기도 하고 금세 열정적으로 몰입하기도 한다. 인상적인 말 한마디나 사건으로 마음이 금세 좋았다가 나빠진다. 읽어도 성과가 적고 실수하는 읽기라면 흥미가 떨어지고 무기력해지기 십상이다.

읽는 것도 어려운데 초등학교에 입학하면 쓰기도 해야 한다. 읽는 것보다 소리를 문자로 떠올려 '쓰는 것'은 더 어렵다. '우리 아이는 읽기는 잘하는데 자기 생각을 못 적어요' 저학년이 못 적는 게 당연한데 그것을 비난하면 안 된다. 아직 자신의 생각을 인식할 만큼 뇌가 발달하지 않았다. 혹여 사고가 발달해 생각이 많다 해도 그것을 문장으로 적어내는 것은 쉬운 일이 아니다. 생각을 찾고 그에 맞는 낱말을 기억하고 문장이라는 틀에 맞춰 쓰는 일은 저학년에게 어려운 일임이 분명하다.

입장을 바꿔서 학부모에게 주제를 하나 제시하고 글을 써보시라 주문한다고 치자. 술술 쓸 수 있는 사람이 몇이나 될까? 오래 사회생활을 한 어른도 그렇다면 아이는 몇 곱절 더 당혹스럽다. 학부모 모임에 다녀온 엄마가 '아무개는 책을 하루에 몇십 권 읽는다더라, 벌써 일기를 한 장 채운다더라'라는 말을 잔소리처럼 쏟아낸다. 마음만큼 능력이 따라주지 않아서 읽고 쓸 때마다 실수를 반복하는 것도 화가 나는 아이는 그런 말을 들으면 힘이 빠진다. 최선을 다하는데 수치스러움을 느낀다. 노력해도 엄마의 기준에 닿을 수 없으면 아이는 서서히 노력을 거두어버린다. 하기 싫은 것은 물론이고 잘하고 싶지 않아 무기력해진다.

우리 아이 읽기부진에는 이유가 있어요

읽기독립을 할 때 이것만은 기억해야 한다. 아이 내면에 '나는 읽기를 못 해, 노력해도 실수투성이야, 부모님은 열심히 해도 몰라줘, 더 이상 하고 싶지 않아'와 같은 부정적 감정이 쌓이도록 내버려두면 안 된다. 자신을 향한 실망, 부모에 대한 죄책감 때문에 읽기를 꺼릴 수 있다. 천천히 느리게 가도 된다. 부모 마음에 여유만 찾으면 갈등하던 시간이 축복의 시간이 된다. 아이를 혼자 두지 말고 속도에 맞춰 반보 뒤에서 따라가야 한다. 실수할 때, 언제나 손 내밀어주는 대상이 되어야 한다. 학습 과정과 교우관계, 진로 찾기를 경험해나갈 아이 곁에 부모가 있어 주어야 한다. 읽기독립 시기를 잘 활용해 아이의 감정 통장에 신뢰와 지지와 칭찬을 많이 저축해두자. 부모의 말과 태도로 무기력을 심지 않았는지 돌아보자. 아이들이 책 앞에서 시큰둥하고 무기력한 모습은 부모의 꾸짖음에 위축되고 자존감이 떨어졌음을 다르게 표현하는 것일지도 모른다.

현장에서 만나는 다수의 저학년은 소리 내어 읽기에 매우 자신이 없다. 읽다가 막히면 제풀에 지쳐 입을 다문다. 실패감이 쌓인다. 또래보다 읽기부진을 겪는 아이들이 늘어나고 있다. 〈학교 속의 문맹자들〉에서 저자는 초등학생의 5%가 문맹이라고 말한다. 한글해득이 부진해서 읽기 쓰기를 버거워한 채 초1을 보내면 다음 학년에 늘어나는 학습량을 감당할 수 없다. 모든 과목은 읽어야 배울 수 있으니 학습부진으로 이어지는 것은 당연하다. 읽기 무기력에서 수포자, 국포자, 사포자, 과포자가 나오게 된다. 매사 의욕없이 수박 겉핥기로 읽거나 공부하는 아이를 다독여야 한다. 어르고 달래며 적절한 속도를 맞춰 읽기독립을 이끌어줘야 한다. '해보니 쉽네, 나도 할 수 있구나!' 라는 생각이 쌓여야 한다. 무기력은 극복될 수 있는 감정이다. 부모가 얹은 돌덩이를 거두고 곁에서 도와주면 서서히 회복될 것이다.

때가 되면 잘한다고 방치한 결과

한글을 떼는 시기에 아이 혼자 읽도록 두면 서서히 나쁜 읽기 습관이 쌓일 수 있다. 집중해서 읽는 것 같아도 지켜보면 정확하게 읽지 않고 넘어갈 때가 많다. 글자를 빠뜨리고 읽거나 다른 소리로 바꿔 읽기도 한다. 아이는 자신이 없을 때 속으로 읽으려 한다. 이때 아이의 읽기 내용을 확인하기란 쉽지 않다. 심성이 순하고 평화주의자인 아이는 부모 눈에는 상당히 모범적으로 보인다. 잔소리할 것도 없이 시키는 대로 한다. 그런데 순한 아이에게 반전이 있다. 부모가 개입하지 않으면 처음에는 적극적으로 시작했다가 서서히 해치우는 식이 되어버린다. 잘못 읽어도 스스로 고쳐 읽지 못한다. 맞는지 틀린지 구분을 못하기 때문이다. 그림보다 글자 비중이 적은 책을 읽는 아이라면 읽기부진을 파악하기 어렵다. 그림으로도 대강 내용을 파악하기 때문이다. 다양한 읽기 오류가 발생하는데 이를 수정하지 않게 되면 '독서는 대강의 줄거리만 알아도 괜찮은 것'이라는 인식을 하게 된다. 결과적으로 책에 흥미를 잃거나 불분명한 독서를 계속하게 된다. 읽기부진을 겪는 학생들의 고질적 습관은 '정독이 아닌 건성 읽기'라는 점이다. 읽는 속도는 무척 빠른데 읽은 후 남는 게 없다. 더 알고 싶어 하지 않으니 다 읽은 책을 다시 들여다볼 일도 없다. 어렴풋한 내용 파악을 스스로 허용하고 넘겨버린다.

　부모의 개입 없이 스스로 깊은 수준의 독서까지 가능한 아이는 흔하지 않다. 부모의 다양한 도움이 있어야 가능하다. 대화로 언어환경을 제공해 배경지식을 쌓았거나, 아이와 함께 읽으며 독서환경을 제공했거나, 아이의 잦은 질문에 성실히 대답해 어휘력 쌓는 방법 등 다양하게 도울 수 있다. 이처럼 부모의 간접적이지만 한결같은 지원은 독서 숙련가로 만드는 디딤돌이 된다.

　아이를 학교에 맡기면 저절로 좋아질 거란 바람은 반쪽짜리 희망이다. 초등 1학년은 모든 면에서 손이 많이 간다. 교과 수업 진도와 아이들 생활지도를 해야 하는 담임선생님이 개별적으로 아이의 한글해득과 읽기훈련을 따로 꼼꼼히 시켜줄 것이란 기대는 하지 않는 게 좋다. 할 수 없는 환경이라 말하는 게 더 현실적이겠다. 가정에서 어느 정도 노력해서 아이를 훈련하지 않으면 완성하기 어려운 게 한글교육이다. 아무리 교육부가 문해교육 시수를 늘린다 해도 가정에서 지속적으로 읽기를 돌보지 않으면 시간은 배가 더 걸릴 수 있음을 기억하자. 7~8세 부모라면 일상의 우선순위에 아이의 읽기독립을 1순위로 두어야 하지 않을까?

수찬(초2)이는 한글도 제대로 떼지 못한 채 2학년이 되었다. 2학기가 될 때까지 눈칫밥으로 짝꿍의 답안을 빠르게 스캔해서 교과서 활동문제를 채운다. 요령만 늘고 실력이 늘지는 않는다. 학기가 시작되고 1학기가 다 지나가도 읽기는 더 나아지지 않았다. 혹시나 읽기 시간에 자기 차례가 될까 조마조마한 마음에 선생님의 설명에 집중하지 못했다. 집중해도 무슨 말인지 이해를 못 한 채 하교한다. 교과목을 제대로 따라갈 수 없는 상태다. 글자를 읽어야 내용을 파악하든 할 것 아닌가. 무슨 말인지 이해할 수 없는 수업이 지겨워 가끔 돌발 행동을 한 후로, 학부모들 사이에서 검사가 필요하진 않겠냐는 소리도 들어야 했다. 눈물을 글썽이는 아이 엄마는 그간 속상했던 마음과 후회를 내비쳤다. 가만히 두면 저절로 할 수 있으려니 믿고 아무 자극을 주지 않았던 것이 원인이었다. 후회로 얼룩지고 말 것이 아니라 지금이라도 늦지 않았다고 믿어야 한다. 가정에서 매일 적은 양이라도 꾸준히 읽거나 쓰도록 하는 것이 중요하다. 드라마 볼 시간 5분의 1만 할애해도 아이를 지켜볼 수 있다. 읽기독립이 급할 때는 살림도 2순위가 되어야 한다. 이 책을 읽는 학부모라면 충분히 아이와 함께 시도해 볼 수 있을 것으로 생각한다. 조급한 부모의 태도나 아이를 내버려두는 태도는 둘 다 위험하다. 읽기독립의 시기라면 적당히 여유를 두고 적당히 개입해야 한다. 신경을 덜 써도 스스로 잘 읽는 아이는 그리 많지 않음을 기억하길 바란다.

많은 부모가 아이의 읽기와 쓰기 향상을 위해 고군분투한다. 온라인의 각종 정보를 통해 아이에게 가장 적합한 교재를 알아보고 한글교육을 위한 읽기, 쓰기를 시킨다. 훈련 초기에는 부모가 아이 곁에서 읽는 것을 면밀히 살펴보는 것이 중요하다. 아이가 어디에서 막히는지 무엇을 어려워하는지 발견하고 '다정하고 친절하게' 지도하는 것이 핵심이다. 초등 저학년 읽기독립을 아이에게 맡겨두어선 안 된다는 점을 다시 한번 강조하고 싶다.

PART 3

우리 아이에게 필요한 읽기독립 디딤돌

읽기독립은 무엇인가요?

아이들이 부모 손을 잡고 쭈뼛거리며 찾아온다. 한글을 뗐지만 스스로 책을 읽지 않는 아이 때문에 찾아온 발걸음이 무겁다. 한글을 배울 때는 낱말을 잘 읽었는데 책 읽기는 어렵다며 포기하니 부모는 속이 탄다. 한글을 떼도 책을 읽기 시작하면 아이들은 다양한 걸림돌에 넘어진다. 책 속에는 원리대로 소리 나는 규칙 낱자(하나의 글자)만 있는 게 아니다. 불규칙 낱말이 곳곳에 있다. 소리 내서 잘 읽다가도 불규칙 낱말을 만나면 실수를 하게 된다. 부모는 아이에게 맡기면 저절로 읽게 될 수 있을지, 판단이 안 선다. 도와주려 해도 아이가 싫어하니 어찌할 바를 모른다.

독서가 주제인 기존 서적을 살펴보면 읽기독립이라는 용어는 쓰지만 비중이 크지 않았다. 아이들이 본격적 독서를 시작하기 전 기초 읽기능력 함양이 중요한 시기임에도 불구하고 짧은 설명으로 끝나는 경우가 많았다. 한글을 떼고 일정 기간 읽다 보면 스스로 읽을 수 있다는 긍정적인 주장이 대부분이었다. 읽기독립을 어렵지 않게 달성할 수 있다는 뉘앙스에 고개를 갸웃거릴 수밖에 없었다. 현장에서 만나는 아이들은 책과 다른 양상을 보였다. 〈공부머리 독서법〉의 최승필 저자는 표음문자를 해독하고 의미를 깨우치는 단계에서 스스로 책을 골라 읽는 정도까지를 읽기독립으로 본다. 읽기독립의 기간을 길게 정의하려는 그의 논리에 한 표를 더하고 싶다.

〈한글교육길라잡이〉에서는 초등 1~2학년 군의 기초 문식성 교육의 중요성을 말한다. 기초 문식성 교육이란 짧은 글을 읽고 이해하며 자기 생각을 문장으로 쓸 수 있는 정도의 읽기 쓰기 능력을 의미하는데, 기초 문식성을 위해서는 한글문해력이 필요하다. 기계적인 읽기 쓰기 능력뿐 아니라 낱말의 의미를 아는 것을 포함한다. 이 책에서 제시하는 읽기독립은 한글문해력의 읽기 쓰기 능력, 내용을 일부 이해하는 수준까지 달성하는 것을 목표로 한다. (*한글문해 : 제시된 낱말을 말소리로 바꾸어 그 말소리에 해당하는 낱말을 자신의 어휘망에서 탐색하여 의미와 연

결 짓는 능력, 혹은 그 반대) *

한글을 읽고 쓰는데 책을 읽고 이해하는 건 어렵다는 아이들이 증가하고 있다. 책을 거부하는 아이, 시키는 대로 하지만 건성으로 읽는 아이, 읽고 싶어도 수준에 맞게 읽지 못하는 아이까지… 다양한 문제가 현실에서 나타나고 있다. 소수의 아이들이 스스로 훌쩍 읽기독립을 이룰 뿐 나머지 아이들은 몇 개의 문턱에 걸려 힘들게 넘어간다. 책을 싫어하는 아이가 되는 계기는 읽기독립 시기를 어떻게 보냈는지와 밀접하다. 부모가 책을 많이 읽어주고 아이가 책을 많이 읽으면 수월하게 읽기독립을 할 수 있을까? 가능하지만 시간이 많이 걸리거나 지연되는게 문제다. 가끔 최선을 다해 읽어줘도 아이가 한글을 멀리하는 예도 있었다.

"한글을 떼면 읽을 수 있는 게 당연하다고?" 그렇지 않다. 문자해독으로 글자읽기를 하는 것과 낱말과 문자의 흐름을 이해하는 것은 다르다. '잠자리'는 곤충이라는 뜻과 누워 잠을 자는 자리라는 의미가 있다. 같은 낱자라도 뜻에 따라 읽을 때 소리를 다르게 한다. 전자는 /잠자리/가 되고 후자는 /잠짜리/로 읽어야 한다. 그래서 읽기는 훈련이 필요하다. 읽기독립은 쉽고

---

* 한글교육 길라잡이 16페이지

97
우리 아이에게 필요한 읽기독립 디딤돌

자연스러워 보이지만 복잡해도 너무 복잡하다. 읽기 어려운 아이에게는 말이다.

"부모가 정성껏 책을 많이 읽어주면 읽기독립이 저절로 되는 것 아닌가요?"라고 쉽게 말하지 말자. 스스로 읽기독립한 아이의 부모라면 아이에게 감사해야한다. 부모가 정성스럽게 책을 읽어주는 행위는 한글에 대한 흥미를 느끼게 하고 한글을 떼기 위한 배경지식을 만들어준다. 부모가 동화구연처럼 잘 읽어줘도 아이 혼자 읽지 못하는 예가 많다. 읽기독립은 의식적 훈련을 염두에 둔 부모가 혼자 읽기 어려운 아이를 잘 다독이며 함께 진행하는 과정이다. 읽기독립의 주체는 아이지만 반 걸음 뒤에 부모가 있어야 한다. 읽기 시범을 보여줘야 하고, 함께 읽어야 하고, 읽는 과정도 인내심을 가지고 지켜봐줘야 한다. 아이의 요청에 발 빠른 도움을 주면서 서서히 뚫고 가야 하는 터널이 바로 읽기독립 과정이다.

짧으면 몇 달, 길면 한 학기. 어쩌면 일 년을 훌쩍 넘길 수도 있다. 부모는 미리 결심해야 한다. 재미없는 훈련이 장기화될 수 있기 때문이다. 재미없는 과정이지만 부모가 아이를 다독여 매일 읽는 작은 습관을 쌓아야 한다. 이것은 읽기독립 후 독서 습관으로 자리잡는 뿌리가 된다.

읽기독립을 어떻게 보내느냐에 따라 고학년 심화독서가 좌우된다는 걸 안다면 이 시기에 면밀한 보살핌이 필요하다는 것도 이해할 수 있다. 한글떼기를 아이의 국어능력과 연관 짓지 말아야 한다. 한글해득은 그저 손에 도구를 쥔 것과 같다. 이제 그 도구를 어떻게 사용하는지 매일 조금씩 익히는 것은 아이와 부모의 과제이다. 교실수업에서 한글교육에 비중을 두겠다는 교육부의 의지가 반갑다. 아이와 부모와 학교가 삼위일체로 읽기독립을 지지한다면 더 큰 효과를 기대해봐도 좋지 않을까?

읽기독립의 기초는 읽기 자동화다. 정보를 받아들이고 독해하는 과정이다. 정보는 기호와 문자로 전달된다. 문자를 소리로 변환하는 기술이 유창해져야 정보를 빨리 받아들일 수 있다. 한글교육으로 문자와 조음원리를 배웠다면 읽기독립에서는 그 원리를 적용해 문자와 소리를 자동으로 연결하는 능력을 길러야 한다. 빠르지도 느리지도 않은 속도로 읽을 수 있어야 한다. 말하는 속도와 음독의 속도가 비슷해지면 속으로 책을 읽어도 문제가 없다. 음독이 완벽하지 않는데 섣불리 묵독●하면 저절로 건성 읽기로 진행될 수 있으니 주의해야 한다.

잘 읽는다는 아이들에게 음독을 권해보면 소리의 이탈(소리

●묵독 : 소리 내지 않고 눈으로 읽는 것.

를 빠트리기), 대치(다른 소리로 읽기), 추가(없는 소리 넣어 읽기)와 같은 실수를 반복한다. 읽기독립의 1단계, 규칙 낱자 읽기단계는 쉬워 보이지만 실수하기 쉽다. 빠르고 막힘없이 읽어야 독서의 튼튼한 뿌리를 내린 것이다. 읽기독립을 위한 훈련을 음독으로 해야 하는 이유가 여기에 있다.•

• 학술논문에 읽기독립이라는 용어보다 한글해득이라는 말을 쓰는데 이는 한글떼기를 포함하며 읽고 쓰는 것이 가능한 상태를 말한다. 문자해독은 문자를 소리로 연결해 읽는 것을 말하며 이 책에서는 읽기독립 1, 2단계에 해당하는 '소리 내 읽기'의 유창한 상태를 말한다.

읽기독립 시기는 언제인가요?

읽기독립의 시기는 아이마다 다르다. 아주 느린 아이도 있고 빠른 아이도 있다. 느려도 초등 2학년까지 읽기독립을 한다고 보면 된다. 3학년부터 교과목이 늘어나고 본격적 학습을 시작하기 때문에 초등 2학년까지 읽기독립을 권한다. 그보다 늦어지면 아이의 학력에 격차가 발생하게 된다.

읽기 유창성이 낮은 아이가 음독훈련을 하기 시작하면 읽기 능력이 나아질 수밖에 없다. 교육 전문가들은 읽기독립을 위한 최적화를 8~9세로 꼽는다. 초등학교 저학년은 기초 문해력 교육의 최적화 시기다. 〈학교 속의 문맹자들〉에 따르면 우리나라

문맹률은 1945년 78%에서 1958년 4.1%로 급감했다. 문맹률이 가장 낮은 나라라는 자부심을 느낄 새도 없이 성인 실질문맹률은 OECD 국가 중 바닥이다. 최근 초중고 읽기부진 학생이 급속히 늘고 있다는 점도 주목해야 한다. 전문가들은 초중고 학생들의 기초학력부진이 읽기부진과 연관되어 있다고 주장하고 있다.

기초학력 부진, 읽기부진의 원인은 먼 곳에 있지 않다. 과거보다 독서의 중요성을 외치는 사람은 더 많다. 이런 분위기에 반해 독서를 거부하거나 읽지 못하는 아이들은 날로 늘고 있다. 다양한 매체에서 코로나19로 학생들의 읽기능력이 예년보다 많이 떨어졌다고 보도한다. 기초학력에 비상이 걸린 것이다. 책을 좋아하고 잘 읽는 아이는 여전한데 책을 읽지 않는 아이들은 대폭 늘어나고 있다.

필자는 현장에서 읽기를 힘들어하는 아이들을 자주 만난다. 은서(초3)는 읽기가 유창한데 내용에 대해 물으면 엉뚱한 답을 하거나 입을 다문다. 방금 읽은 내용인데도 불구하고 진심으로 기억이 안 난다고 한다. 기타 과목 성취도는 나쁘지 않다. 수학을 1년 이상 선행을 하고 영어레벨이 또래보다 높은 아이다. 은서의 읽기독립에 어떤 누수가 있었던 것일까? 책을 읽는 이유를 물어보았더니 "엄마가 읽으라고 해서요. 공부를 잘한대요. 좋은 대학 가려면 읽어야 한대요"라고 답한다. 독서의 이유가 즐거움이 아니라 '엄마 때문에, 성적 때문에'로 압축할 수 있다. 은서는 초등 1~2학년 동안 시켜서 읽었고 내용이해까지 하는 독서를 하지 못한 채 3학년이 되었다. 한글해득(한글떼기)후 읽기가 유창해지고 내용도 어느 정도 파악하는 기간을 짧게는 초등 1학년에서 2학기 정도로 본다. 평균적으로 1학년 겨울방학이 지나면 많은 아이들이 혼자 읽는 것을 숙달한다. 늦어도 3학년이 되기 전까지 내용을 이해하는 읽기능력을 갖추게 된다.

읽기독립이 늦어지지 않도록 부모와 함께 일상에서 작은 습관으로 실천할 수 있는 방법을 이 책에 담았다. 현장에서 실천해본 방법이며 별반 특별하지 않다. 하지만 한 끗 차이의 실제적 방법이 아이에게 변화를 일으킬 수 있을 것이다. 끝까지 다정하라는 조언은 실천이 어렵겠지만 매일 다짐하면 충분히 가능하다. 아이를 윽박지르지만 않는다면 아이의 성장은 눈에 띌수밖에 없다. 6개월 이상 아이와 데이트한다 생각하고 의미 있는 시간을 갖길 부탁한다. 읽기독립을 하는 그날까지 다정하고 애정 가득한 훈련시간은 아이를 책으로 이끄는 마중물이 될 것이다.

필자가 나눈 읽기독립 3단계는 보편적으로 아이들이 거치는 과정에 근거했으며 단계명은 임의로 정했다. 단계별 다양한 팁은 아이의 필요가 있을 때마다 펼쳐 사용하면 도움이 될 것이다.

많은 책에서 언급하듯, 꾸준히 읽으면 자연스럽게 읽기능력이 성장할까? 아이들은 그런 방법으로 책을 좋아하게 되는 것일까? 읽기독립의 수순을 순조롭게 넘어가는 아이보다 어딘가에 걸려 넘어가지 못하는 아이들이 더 많다. 읽기과정에 지쳐버린 부모도 많다. 지친 마음에 많은 책을 참고하지만, 순조롭게 독서능력이 자라고 독후활동도 잘하는 아이들의 사례를 읽으며 소외감과 좌절감을 느낀다.

한글교육에 대한 책도 많고, 한글해득한 아이를 대상으로 본격적 독서방법을 알려주는 좋은 책도 연일 쏟아진다. 정작 한글을 떼고 본격적인 독서에 진입하기 전 중간 지점인 읽기독립 과정을 구체적으로 풀어 쓴 책이 필요했다. 기다리느니 직접 쓰자고 생각해 경험을 녹였고 이론을 최대한 써먹을 수 있도록 쉽게 첨가했다. 이 책을 읽고 소외와 좌절감, 불안감에 힘들었던 부모라면 마음이 눈이 녹듯 녹기를 바란다. 읽기독립이 저절로 된다는 생각을 접고 아이와 함께 쉬운 읽기훈련을 시작하길 바란다. 분명히 좋은 결과가 있을 것이라 희망한다. 더 이상 자녀와 책 때문에 씨름하는 일이 없기를 바라는 마음이다.

읽기독립에 도달했다는 신호

- 음독을 시켰을 때 막힘 없이 말하는 속도로 읽을 수 있다.
- 소리의 이탈, 대치, 생략 등의 실수가 거의 없다.
- 내용파악을 잘한다.
- 한두 개 모르는 낱말을 물어본다.
- 혼자 책을 골라 읽는다.
- 소리 내서 읽는 것에 답답함을 느끼고 눈으로 읽으려 한다.
- 읽다가 가끔 낯선 표현을 만나도 내용 파악에 방해받지 않는다.

읽기독립의 목표는
공부 잘하는 아이?

독서의 목표는 '공부 잘하는 아이 만들기'가 아니다. 읽기의 즐거움을 아는 아이, 스스로 읽어서 배울 수 있는 아이, 자율적 탐구력으로 자신의 길을 찾아가는 아이로 자라길 바라는 것이다. 독서는 진정한 배움의 기쁨을 알려준다. 독서를 많이 하면 배경지식이 늘어 어휘력이 높아지고 이해력이 좋아진다. 읽는 동안 뇌 전체를 사용하며 생각하기 때문에 사고력이 높아질 수밖에 없다. 책에서 읽은 문체나 문장을 모방하면 말하기에 도움이 된다. 결국 입시에 유리한 학습능력을 장착하게 되는 것은 사실이다. 그러나 성적이나 학습능력은 올바른 독서의 결과일 뿐이지 목표가 될 수 없다.

아이들에게 독서를 권하는 이유가 입시라는 사실이 마뜩잖지만 닥친 현실인 건 부정할 수는 없다. 독서의 목표를 학습이라 말하는 순간 아이들에게 독서는 과목이 되고 과제가 된다. 즐겁게 읽어본 경험보다 불안 때문에 더 많이 더 빨리 책을 읽어야 한다는 압박을 느낀다. 본래 독서의 본질과 멀어지는 것이다. 독서의 본질은 즐거움인데 말이다. 이야기의 재미를 느끼고 무릎을 '탁' 치는 '인생책'을 만나야 한다. 그러면 스스로 독서를 추구하게 된다. 독서는 지극히 자기 주도적 작용이다. 스스로 선택한 책을 읽을 때 호기심이 채워지고 배움의 기쁨을 느낄 수 있다.

자녀가 책을 좋아하고 잘 읽게 하려는 부모의 노력은 눈물겹다. 존경스러울 만큼 희생적으로 아이들의 독서를 지원한다. 읽어주기, 받아쓰기, 숙제지도, 하루 정해진 양의 독서점검, 읽은 책을 확인하는 질문, 다양한 독후활동까지 못하는 것 빼고 다 한다. 찾아온 학부모와 함께 아이들의 성장을 향한 간절한 열망을 나눌 때 가슴이 뜨거워진다. 사는 일이 바쁘니 아이와 마주앉아 대화할 여유가 없다. 바빠도 아이를 챙기려고 씨름하다가 결국 "읽었니? 빨리 읽어. 책 가져와 봐!"라고 언성을 높이게 된다. 부모 마음에 맞게 알아서 성장하면 얼마나 좋을까. 하지만 아이는 부모의 눈물과 인내라는 자양분 없이는 성장할 수 없다. 자식을 위해 재촉하는데 잘하는지 불안하다. 아이가 경쟁 사회에서 도태될지 모른다는 불안과 어떻게 독서를 지도해야 할지 모르는 난감함 때문에 아이 팔을 바투 잡고 끌어당긴 적이 한두 번이 아니다. 부모는 아이를 놓을 수도 끌어당길 수도 없는 애타는 마음을 스스로 돌아봐야 한다.

공부를 잘하면 성공한다는 믿음보다 '내 아이는 세상에 부름을 받고 태어났다', '자기다움을 펼치며 살아갈 수 있다'는 신뢰로 무장해야 한다. 그래야 성적을 위한 독서가 아닌 즐거움을 위한 독서로 방향을 돌이킬 수 있다. 부모의 여유와 너그러움은 불안이 해소됐을 때 나올 수 있다. 부모의 자존감이 아이를 양육하는 과정에 투영된다는 사실을 우리는 알고 있다. 부모가 이루지 못한 꿈을 아이를 통해 성취하려는 시도가 위험하다고 많은 책에서 말한다. 부모가 자신의 인생을 긍정하고 사랑해야 한다. 그래야 아이를 통해 얻으려던 성취감과 만족감을 내려놓을 수 있다.

책의 즐거움을 발견하면 아이는 평생 손에서 책을 놓지 않게 된다. 입시보다 더 원대한 목표를 아이가 스스로 세우고 이룬다면 얼마나 좋을까. 미현(초5)이는 〈플란다스의 개〉를 읽고 한동안 먹먹한 마음에 자리를 뜨지 못했다. 다음 학원 스케줄이 있는데도 말이다. 서윤(초4)이는 〈몽실언니〉를 읽다가 눈물이 나서 그날 밤 잠을 설쳤다고 한다. 지율(초6)이는 〈레미제라블〉에서 한 사람의 변화 과정에 흥미진진함을 느꼈다고 후기를 남겼다. 민승(중1)이는 〈노인과 바다〉에서 늙은 산티아고가 청새치를 잡을 때 옆에서 지켜보는 기분을 느꼈다고 했다. 현준(중1)이는 〈페스트〉를 읽고 코로나와 비슷한 이야기가 인상적이며 주인공 리유의 희생적인 모습이 오래 기억난다고 말했다. 이처럼 아이 스스로의 힘으로 읽어서 얻은 감동은 누가 가르친 것이 아니다. 아마도 아이들은 오래도록 감동을 기억하고 또 다른 감동을 찾아 책을 갈망할 것이다. 읽기독립 시기를 중요하게 보내야 하는 이유는 책 읽기의 즐거움을 느끼기 위해서다. 기초 문해력이 형성되어야 독서의 재미를 경험할 수 있다. 성적이나 입시의 도구로 독서를 목표하지 않을 때 아이 스스로 책을 꺼내 읽고 눈시울을 붉힐 날이 오고야 말 것이다.

읽기독립은 쉬운가요?

1년 전 상담했던 학부모가 다시 찾아왔다. 아이가 한글을 뗐지만 책은 읽지 못해서 걱정하며 돌아갔는데 읽기부진은 여전하고 책에 거부감이 더 커져 있었다. 맞춤법도 틀리고 자기 생각을 적는 것은 더 어려워했다. 입학 후 1년 동안 무슨 일이 있었던 걸까? 학습의 기초인 읽기, 쓰기가 아직 제자리인 이유를 알아야 문제를 풀 수 있다.

읽기독립이라는 과정은 쉬우면서 어렵고, 어렵지만 쉽다. 아이에게 맡겨두면 어렵고 부모가 함께하면 쉽다. 쉬운데 시간이 걸린다는 사실만 기억하면 된다. 완벽한 읽기독립을 목표하면

이 과정은 무척 더디고 복잡하다. 하지만 아이가 어려워하는 몇 가지를 개선하고 함께 연습한다면 몇 달이 지나기 전 향상을 기대할 수 있다. 아이의 약점파악, 개선할 방법 적용, 아이와 부모의 인내, 이 세 가지면 읽기독립은 가능하다.

기능적으로 글자는 술술 읽지만, 내용파악이 부실한 아이를 만났다. 배경지식이 풍부해 말로는 뭐든 대답하는 아이였다. 책 내용을 이해하지 못할 줄 부모는 예상치 못했다. 가끔 물어보면 대답을 못 하길래 혹시나 했다는 엄마의 말대로 잘 읽는 것 같지만 이해가 부족한 아이가 많다. 읽기독립을 제대로 못 해서다. 교과서를 읽고 의미를 몰라 문제를 엉뚱하게 푼다. 부모의 강요로 책을 읽지만, 잔소리를 하지 않으면 자발적으로 읽지 않는다. 책이 싫은 것인지 책을 읽을 능력이 부족한지, 아니면 둘 다 원인인지 파악할 필요가 있다.

한글을 떼고 바로 책 한 권 읽을 수 있을까? 읽기독립이 그렇게 쉽다면 이 책을 쓸 필요가 없었을 것이다. 쉽다고 생각하는 게 문제다. "8살 아들이 입학하는데 아직 책을 못 읽어요." 아이 엄마는 겸연쩍게 웃었다. 이 시기에 책을 혼자 못 읽는 것은 부끄러울 일이 아니다. 책 한 권 읽는 게 어렵다고 생각하면 아이를 달리 보게 된다. 아직 시작점에 발을 딛고 서 있을 뿐이니 부끄러워할 필요가 없다. 이제 당당하게 읽기훈련을 하고 있다고 주위에 말해보자. 한글을 뗐다 해도 책 읽기는 또 다른 시작이다. 한글원리를 잘 이해해도 불규칙 낱말이 많아 반복훈련이 필수다. 아이가 8세인데 책을 못 읽는다는 점을 숨기지 말고 적극적으로 배우는 과정이라 여기자. 어려우니 훈련해야 하고, 못 읽으니 발전하면 되는 것이다.

다시 한번 말하지만, 읽기독립은 한글을 뗄 때와는 다른 인내와 노력이 필요하다. 빠른 성과를 원하지 말고, 누구나 거쳐가는 과정이며 천천히 성장한다고 생각해보자. 부모나 아이 모두에게 여유가 생길 것이다. 많은 아이가 방법을 모른 채 혼자 읽다가 지치게 된다. 이 과정에서 부모나 교사의 역할은 무엇일까. 우선 읽기독립이 어렵다는 걸 인정하고 힘겨웠을 아이를 격려해야 한다. 더는 아이가 혼자 허덕이지 않도록 손을 내밀어줘야 한다. "한글도 다 뗀 녀석이 왜 책을 못 읽어?"라고 윽박지르지 않길 바란다. 친구들은 읽고 이해하는데 자기만 멀뚱거리는 소외감, 떨어진 자존감을 보듬어주는 게 먼저다.

가정에서 읽기독립을 위해 제시한 훈련방법을 창의적으로 적용해보길 권한다. 실패하더라도 안 하는 것보다 하는 게 낫다. 하루 이틀 실천하고 다시 제자리걸음한다 해도 실천한 날

만큼은 앞으로 전진하는 것이다. 포기하지만 않으면 아이의 읽기는 몰라보게 좋아진다. 친구들이 떼창하듯 이야기 글을 합독하는데 혼자 틀리지 않으려 눈치 보는 모습, 글을 써야겠는데 읽기도 안 되니 쓰는 척하는 모습, 자기는 원래 못 하는 아이라며 제머리에 알밤을 주고 멋쩍게 웃는 아이들의 표정을 잊을 수 없다. 저절로 한글을 뗄 수 없는 것처럼 저절로 잘 읽을 수 없다. 읽기독립에 도움이 되는 훈련방법을 고민했다. 가르침의 현장에서 활용한 방법에 새로운 방법을 더했다. 제시한 방법 중 불규칙 용언이 다소 복잡해 보여도 중학교 문법을 넘지 않는 내용이다. 책에 나온 용어들을 부모가 먼저 숙지하고 아이의 언어로 전달해보자. 아이는 서서히 배운 것을 실수하면서 적용하게 될 것이다.

우리 아이에게 필요한 읽기독립 디딤돌

읽기독립은 '3S'로 시작해요

사람은 생각하고 행동한다지만 실제로 행동으로 생각이 일깨워지기도 한다. 새벽 달리기를 예로 들어보자. 처음에는 결심하고 겨우 일어나 뛰기 시작했는데 습관이 되면 저절로 눈이 떠진다. 나중에는 몸이 먼저 나가고 정신은 뒤따라 맑아지는 경험을 하게 된다. 이처럼 습관이 되면 시키지 않아도 행동한다. 읽기훈련이 습관이 되면 아이는 하루 정해진 양을 스스로 찾아 읽게 된다. 게다가 이런 훈련 습관은 읽기독립을 한 후 자기주도적 독서습관으로 이어질 수 있어 긍정적 효과가 있다.

습관 전문가들에 의하면 '사람은 95% 이상 습관에 의해 행동한다'고 한다. 습관이 그 사람을 나타낸다고 말하기도 한다. 하루하루 쌓은 습관이 일상을 변화시킨다. 아이들의 읽기습관도 마찬가지다. 가족회의로 시간과 장소와 방법을 정한다. 부모가 제시하더라도 실행은 아이 몫이므로 아이의 의견을 최대한 반영한다. 부모가 주도하면 단기에는 효과가 있지만, 결국 아이는 읽기를 싫어하게 된다. 자기 스스로 선택한 훈련이라면 움직일 수밖에 없다. PART 4에서 제시하는 방법을 아이의 특성과 가정의 라이프스타일에 맞춰 진행해보자.

읽기독립은 규칙적이며 지속적인 훈련의 결과다. 저절로 읽었다는 아이들도 스스로 많이 읽었기 때문에 가능한 결과일 뿐이다. 본격적으로 읽기훈련을 결심한 아이에게 하루 몇 권, 하루 몇 시간 읽으라고 한다면 실천 가능할까? 아이가 읽기훈련 지속하도록 '쉽고 작은 목표'를 정해야 한다. 덧붙여 강조하자면, 습관형성을 위해 부모가 취할 태도는 처음부터 끝까지 '다정함'이다. 불안한 부모는 아이를 채근할 수밖에 없고 언성을 높이게 된다. 비교만 하지 않는다면 친절함을 유지할 수 있을 것이다. 읽기독립이 몇 달에서 일 년 이상 걸릴 수 있음을 기억하자. 1, 2단계는 몇 달이면 가능하지만, 3단계는 시간이 오래 걸린다. 그리고 3단계는 본격적인 독서를 시작하는 것과 맞물려 있어 뚜렷하게 구분하거나 성장변화를 재기 어렵다. 읽기훈련이 독서습관까지 이어지기 위해 훈련의 핵심인 3S를 정리했다.

〈읽기훈련 3S〉	
S(short)	짧은 분량, 짧은 시간 만만한 활동이어야 쉽게 시작하고 유지한다.
S(share)	함께 읽기, 번갈아 읽기 틀릴 때 최소한 수정을 위해 부모가 곁에 함께한다.
S(steady)	규칙적으로 지속한다.

아래 표는 훈련계획의 예라고 할 수 있다. 일주일에 3~6일은 훈련하는 날로 정한다. 분량은 아이의 능력에 따라 정하고 최소 시간을 기준으로 정하면 좋다. 대개 내용파악을 하지 않고 음독으로만 그림책 한 권을 읽는 데 5~10분, 길면 15분 내외가 소요된다. 가정환경과 아이 특성에 따라 실행 후 가감하면 된다. 부모가 원하는 기준보다 낮게 잡는 것이 원칙이다. 최소 하루에 5분 이상 읽는 훈련을 한다. 너무 짧은데 훈련이 될까 되묻겠지만 매일 꾸준히 하는 행위는 힘이 있다. 습관 전문가나 교육 전문가들도 매일 5~10분 하는 것이 주 1회 1시간 몰아서 하는 것보다 효율적이라고 한다.

읽기 횟수	1주일에 3~6일		
읽기 시간	1단계 규칙 낱자 읽기 단계		5분~10분
	2단계 불규칙 낱자 읽기 단계		10~15분
	3단계 의미읽기 단계		15분 이상~ 원하는 만큼
읽기(음독) 방법	1단계 엄마 읽기시범/엄마+아이/아이 혼자		구체적 방법 가정별 구축
	2단계 엄마+아이/아이 혼자/아이 요구 시 불규칙 설명		
	3단계 아이 스스로 읽기, 어휘 상호작용		

추가 훈련	짧았던 훈련 시간을 아이와 의논해 조금씩 늘린다. 아이가 원하는 것보다 조금 짧게 허락한다. 5분 더 하자고 하면 4분만 허락하기.
주의	읽기독립 3단계에서 어휘확장을 위해 어휘 상호작용(모르는 낱말을 묻고 설명하기)을 적극적으로 한다. 최소 시간 이후에도 몰입을 잘한다면 마치는 시간은 아이가 정하게 한다. 아이가 재미있게 여겨도 갑자기 분량과 시간을 늘리지 않는다.
준비물	다양한 텍스트(그림책, 활동지, 교과서, 문제집) 디지털 시계(훈련시간을 시각적으로 확인) 칭찬스티커 판(적당한 보상 약속) 타이머(약속시간 알람 / 정해진 분량 읽고 시간 재기) 빨간 색연필(읽기훈련 시 모르는 낱말 표시할 때)
장소	아이가 좋아하는 집중공간(독서공간 확보) 조명과 전용 자리를 마련(독서 무드 제공) : 특별한 시간으로 느끼도록. 공간과 무드 형성은 훈련에 의미 부여함 : 중요하다 느끼며 진지한 태도가 된다.
가정환경	아이가 훈련할 때 나머지 구성원은 모든 매체를 off하고 각자 읽거나 조용한 활동을 한다. 모두 책을 읽는다면 분위기 형성에 도움이 된다.

우리 아이에게 필요한 읽기독립 디딤돌

시작을 만만하게 해야 아이는 계속하고 싶어 한다. 아이가 하기 싫어하면 아무리 좋은 훈련도 효과를 볼 수 없다. 좋은 음식을 입에 넣어줘도 아이가 씹고 삼켜야 피와 살로 간다. 흥이 나는 날, 아이가 더 하고 싶어 한다면 오히려 '종료'를 알려준다. 아쉬울수록 다음 훈련을 기다리게 되는 법이다.

시간과 횟수를 정하는 첫 번째 이유는 습관을 형성하기 위한 것이다. 아이는 가시적인 결과로 성취를 느껴 매일 반복하게 된다. 작은 실천을 매일 누적하면 자존감을 높일 수 있다. 자신이 동의한 훈련이기 때문에 책임감이 생긴다. 약속 시간을 정하는 두 번째 이유는 부모의 과욕을 막기 위해서다. 훈련 스케줄이 순조롭게 진행되면 부모는 욕심이 생긴다. 부모라면 아이의 숨은 능력이 발현될 때 더 끌어당기고 싶다. 이런 작용을 막기 위해 약속이 필요하다. 훈련의 강도와 양을 늘리면 더 빨리 성장할 것이라는 생각은 수시로 부모를 유혹한다. 부모가 이끌어주면 처음에는 아이가 잘 따른다. 힘에 부쳐도 말을 듣다가 어느 순간 터진다. 그럴 때 다시 제자리로 되돌리는 것이 더 힘들다. 처음부터 과하지 않게 지속하는 것만 생각하자. 이렇게 훈련해서 습관이 되면 아이 수준에 따라 다음 단계를 밟으면 된다.

주의할 점은 습관을 형성하고 훈련을 계속하면서 아이와 관계를 좋게 유지하는 것이다. 소탐대실하면 안 된다. 관계를 얻고 기능은 천천히 습득하면 된다는 마음을 항상 중심에 둬야 한다.

칭찬 스티커는 훈련 기간 중 느슨해지는 것을 막는다. 월별 진행표에 매일 실천하는 것을 기록하면 약속이 시각화된다. 자신이 얼마나 실천했는지 눈으로 확인할 수 있다. 월별 진행표를 눈에 띄는 곳에 두고 칭찬 스티커판과 함께 활용한다. 디지털 알람이나 타이머를 준비해 시간의 흐름을 스스로 확인하게 하면 자기주도훈련에도 도움이 된다. 시작과 끝맺음을 청각으로 확인하는 활동은 아이의 주의력을 높이고 훈련에도 활력을 불어 넣는다. 아이들은 거창한 것보다 사소한 것에 승부욕을 발휘하고 전투력을 불태운다.

아이와의 약속이니 일정의 변경이 생기면 미리 의논해서 시간을 변경한다. 부모가 먼저 약속을 지키겠다는 의지를 보여야 아이도 지키려 노력한다. 훈련으로 사용할 책과 시계나 타이머를 아이 스스로 준비하도록 책임감을 부여하면 하루 5~10분이라도 특별한 이벤트가 된다. 아이는 그 이벤트의 감독이요, 부모는 조력자이다. 저녁에 약속을 정했으면 한 시간이나 삼십

분 전 알람을 설정하거나 미리 알려준다. "감독님, 아시죠?"라고 한마디만 하면 된다.

시작할 때 서약서를 작성해도 좋다. 읽기독립 기간 동안 여러 번 상장을 만들어 전달하거나 손편지를 써서 읽게 하는 것은 어떨까. 습관 전문가는 3주, 21일 이상이면 습관이 형성된다고 말한다. 훈련에 익숙해지는 3주 차가 지나면 다시 3주를 한 세트로 진행해서 단계별로 진행해본다. 아이의 읽기를 녹음하거나 영상으로 남기는 방법도 훈련을 지속할 동기부여가 된다. 매일 훈련하기 어렵다면 적어도 주 2회 이상은 하길 권한다. 횟수보다 꾸준함이 더 강한 힘을 발휘한다는 것을 기억하자.

선형(초1)이는 읽기훈련을 일주일에 2회, 30분씩 4주를 했다. 사실 트레이닝 방법이 따로 있는 게 아니었다. 그저 정확하게 읽겠다는 약속, 틀리면 다시 잘 읽을 때까지 반복하기를 지키기 위해 애를 썼다. 주의 깊게 소리 내서 읽으니 오탈자가 현저히 줄었다. 단계별로 한 문장을 읽을 때 〈낱자 읽기-어절(띄어 읽기)-말하는 속도로 읽기〉로 진행했다. 최종 목표는 오류 없이 빠르게 읽기였다. 그것을 자동화 상태라고 한다. 한 번 읽은 책을 다시 읽기도 했다. 읽기 유창성은 낯선 낱말을 정확하게 인지하고 반복할 때 생긴다. 선형이는 한글을 떼고도 건성

120
우리아이 읽기독립

으로 읽어 실수가 많았던 아이다. 시간이 지날수록 실수가 줄고 내용파악이 좋아졌다. 훈련을 지속하는 것은 읽기독립에 핵심요소다.

읽기독립 더 즐겁게

　부모는 아이가 책을 어떻게 읽는지 면밀히 살펴야 한다. 감시와 통제가 목표가 아니라 아이의 성장이 목표다. 부정적 피드백과 지적을 많이 하면 흥미를 잃어버린다. 다정한 태도로 반보 뒤에서 따라가야 한다. 아이가 틀릴 때마다 교정하면 훈련을 지속하기 어렵다. 읽기독립 막바지 3단계가 되면 어휘가 확장되면서 이해력이 좋아진다. 책의 재미를 조금씩 맛보는 단계가 된다. 이 시기가 되면 가르치고 설명하기보다 스스로 읽고 이해 가능함을 믿어줘야 한다. 아이가 어휘 상호작용으로 질문을 많이 한다면 점검을 줄여도 된다. 가끔 낭독을 권하고 실수하는 습관으로 돌아가지 않도록만 체크한다.

단계가 올라가면서 아이가 잘 읽는지 아닌지 알 수 있다. 읽는 데 몰입해 시간이 훌쩍 지나가도 모른다. 책을 응시하는 시선, 불러도 대답이 없는 아이, 책 내용을 묻기 전에 인상적인 내용을 이야기한다면 읽기독립 만세를 부를 때가 가깝다는 증거다. 이 정도 수준이면 훈련시간과 약속한 분량은 무의미하다. 스티커를 붙이는 것에서 한 발짝 나아가 훈련시간이나 읽은 분량을 아이 스스로 기록하도록 한다. 처음보다 훨씬 길어진 시간과 늘어난 분량을 확인할 수 있다. 읽는 시간이나 분량이 늘고 몰입도 잘하게 되면 독서근육이 강해졌다거나 읽기 지구력이 생겼다고 표현할 수 있다. 〈준비, 1단계, 2단계, 3단계〉의 훈련 과정은 임의로 구분한 것이다. 이 단계는 유기적으로 연결되어 역순이거나 혼합된 채 진행될 수 있다. 아이가 읽기독립 과정 어디쯤인지 구분하는 잣대로 사용하면 된다. 아래에 읽기훈련 시 재미의 요소를 가미할 수 있는 다양한 방법을 기록해 보았다.

직관적 읽기

낱자를 보면 3초 이상 생각하지 않고 빠르게 읽는다. 보는 즉시 읽은 낱자를 동그라미로 표시하고 다음 글자로 넘어간다. 읽을 때 아이가 제대로 표시하는지 살펴봐야 한다. 떠듬거린다면 낯설거나 의미를 모르는 낱말일 가능성이 크다. 떠듬거리며 읽은 낱자나 낱말은 다시 한번 읽도록 지도한다. 각종 콘텐츠에 사용된 글자를 말하는 속도로 읽는 연습을 하면 부자연스러운 읽기를 벗고 자연스럽게 읽을 수 있을 것이다.

타이머 활용

아이들에게는 타이머가 특효약이다. 타이머를 이용하면 아이들은 대상 없이 승부욕을 불태운다. 타이머를 1분 맞추고 낱자를 몇 개 읽는지 기록하거나 한 페이지에 낱자를 틀리지 않고 읽는 데 걸리는 시간을 잰다. 특정 시간을 정해 읽는 양을 표시하거나 반대로 일정 분량을 정하고 걸린 시간을 비교할 수 있다. 어제 3분 동안 읽은 분량과 오늘 읽은 분량을 비교하면 내일 더 잘 읽고 싶어진다. 이런 심리를 타이머로 잘 활용하길 바란다. 엄마 읽기와 아이 읽기 시간을 비교하는 데 사용하는 것도 좋다. 타이머 하나로 다양하게 활용한다면 아이들이 지루할 틈이 없다. 시중에 판매하는 저렴한 타이머로도 충분하고 스마트폰을 이용해도 무방하다.

거꾸로 읽기

의외성이 있는 읽기여서 아이들이 좋아한다. 규칙 낱자 읽기 1단계를 탄탄하게 하는 방법인데 각 페이지의 마지막 줄 끝 글자부터 거꾸로 읽어 올라간다. 낱말 뜻보다 글자에 해당하는 소리에만 집중하는 방법이다. 아이가 말이 안 되는 소리를 귀로 들으며 생경함과 흥미를 느낀다. 형제나 부모가 번갈아 읽어보자. 재미가 급상승한다. 음절표나 책, 전단을 거꾸로 읽어볼 수 있다.

거꾸로 읽는 방법은 정방향으로 읽은 후 각 페이지의 아래에서 위로 올라가거나 문장의 뒤에서 앞으로 읽는 것이다. 엄마와 함께 읽는다면 한 문장씩 번갈아 가며 뒤에서 앞으로 읽으면 된다. 혼자 거꾸로 읽을 때 타이머를 이용해본다. 단순하지만 타이머로 시간을 정하는 것을 아이들은 좋아한다. 문자에 익숙해지고 아는 낱말이 많아지면 아이는 건성으로 읽기 쉽다. 거꾸로 읽으면 낱자를 추측할 수 없다 보니 틀리게 읽거나 다른 낱말로 대치하거나 생략할 수 없다. 거꾸로 읽기는 읽기 유창성, 읽기 자동화를 완성하는 방법이다. 건성으로 읽는 습관을 줄일 수도 있다.

소리 시범

혼자 읽기가 처음이라면 엄마가 한 문장 읽어주고 아이가 따라 읽어보는 게 좋다. 아이 혼자 읽게 하기보다 시범을 보여줌으로써 아이는 용기를 얻는다. 읽기를 혼자 안 해본 아이는 타인의 읽기를 통해 문자가 어떤 소리로 구현되는지 들어볼 수 있다. 다양한 기술을 사용할 수 있으면 아이가 스스로 활용하도록 허락하되 지켜보는 것을 잊지 않는다. 가끔 점검을 해야 아이들이 느슨해지지 않으니 그 점만 주의하면 된다.

대상 앞에서 읽기

영국에서 난독증이나 읽기부진을 겪는 아동들의 읽기훈련을 위해 도입한 방법이다. 효과가 크기로 유명하다. 아이들이 반려동물에게 책을 읽어주며 훈련한다고 한다. 가족 구성원 앞에서 읽기 쑥스러워하거나 지적받기 싫어서 꺼리던 아이도 반려동물 앞에서는 읽기를 주저하지 않는다. 가족 구성원보다 마음 편한 대상인데다 실수를 두려워하지 않아도 된다. 잘하라고 눈에서 레이저를 쏘지도 않는 반려동물 앞이라면 아이들은 크게 용기를 내곤 한다.

반려동물이 부산스럽거나 읽기집중에 방해가 된다면 아이의 취향에 맞게 대상을 정하면 된다. 아이가 좋아하는 인형이나 피규어도 괜찮다. 쿠션에 그려진 고양이 앞에서 읽는 것도 괜찮다. 숨어서 하고 싶다면 허용해준다. 점검은 마지막에 몇 줄로 충분하니 아이의 의사를 존중해준다. 아이가 가족들 앞에서 하길 원한다면 기꺼이 방청객이 되어준다.

같이 읽기

천천히 함께 읽는다. 아이가 소리 내서 읽을 때 부모는 아이

속도보다 0.0001초 느리게 읽는다. 아이가 낯설어 떠듬거리다가 부모의 읽는 소리에 얹혀 같이 읽는 식이다. 함께 읽으면 부족한 실력도 그늘에 가려져 묻어갈 수 있다. 혹시 실수하더라도 스스로 실망하거나 민망해하지 않는 게 함께 읽기다. 부모가 앞서지 않고 같은 속도를 내되 아이 소리가 더 잘 들리도록 함께 읽어보길 바란다.

가르치는 아이들에게 늘 강조하는 말이 있다. "실수는 좋은 것이다." 이 말을 처음 들은 아이들은 눈을 동그랗게 뜬다. 장난으로 하는 소리라 생각하고 의아해한다. "틀리지 않으면 사람이 아니지. 선생님은 지금도 실수하고 틀리는데 너는 아직 어린이니까 당연하겠지? 실수하지 않으면 배울 기회가 없지. 틀리더라도 표시가 나게 틀리렴. 그래야 네가 뭘 모르는지 알고 가르쳐줄 수 있어. 틀리는 것은 나쁜 게 아니야." 아이들은 이 말을 어떻게 들을까? 웃던 아이들도 사뭇 진지해진다. 진지하고 확신에 찬 말은 아이들에게 진심으로 전달된다. 용기를 얻어 한층 부드러워진 아이들은 틀려도 기죽지 않는다. 틀리는 것에 두려움을 벗어나고 있다. 부모는 다그칠 수도 있고 용기를 북돋아 줄 수도 있다. 틀리지 않기 위해 조심하는 아이로 키우지 말고 실수하는 것에 용감해지는 아이가 되게 해야 한다. 읽기에 실수를 줄이고 극복하면서 회복탄력성은 쑥쑥 자랄 것이다. 아이가 애매하게 잘하는 것으로 착각하는 것보다 확실하게 실수해서 무엇을 모르는지 드러나는 게 장기적으로 유익하다.

부모가 만족하지 못하는 표정을 숨기면 아이는 읽을 용기를 낸다. 소심한 아이라 할지라도 부모의 도움과 격려로 반복 훈련을 하면 실력은 늘 수밖에 없다. 실수를 용납하지 못하는 기질이라면 부모가 일부러 실수하는 모습을 보여주자. 일부러 그러는 줄 알면서도 아이는 유연해진다.

규칙 교대 읽기(규칙대로 주고받아 읽기)

한 달 정도 다양한 읽기를 하다 보면 어느 순간 아이의 변화가 보인다. 하루에 10분 내외(아이에게 적합한 시간) 글을 꼼꼼하게 읽기 위해 대단한 기술이 필요한 건 아니다. 아이마다 성장속도는 다르다. 가끔은 내 아이의 성장이 어디쯤 머물러 있는지 알고 싶은 것은 당연하다. 성장이 빠르면 스스로 읽을 수 있으니 좋고 읽기능력에 성장이 더디면 아이가 부모와 함께 추억을 쌓을 수 있으니 좋다. 오래 걸리더라도 부모가 상호작용을 계속하면서 관계가 돈독해진다. 읽기독립이 빠르든 느리든 아이의 자존감은 높아질 수 있다.

〈규칙 교대 읽기〉는 아이들이 좋아하는 읽기훈련방법이다. 방법이라고 말할 수 없을 정도로 쉽다. 상대가 읽기를 끝내는 지점을 이어 읽는 것이다. 약속을 정했기 때문에 '규칙 교대 읽기'라고 이름을 지었다. 규칙을 다양하게 정한다. '3어절 읽고 교대, 두 문장 읽고 교대, 반점(,)까지 읽고 교대, 한 단락, 한쪽 읽고 다음 사람.' 이렇게 약속하고 주거니 받거니 읽는다. 아이들과 일주일 단위로 규칙을 바꾸며 읽기훈련을 한다. 활동지로 읽을 때는 함께 읽거나 나누어 읽는다. 시시한 것 같아도 아이들은 온통 글과 소리에 집중한다. 초집중한 상태에서 정독할 수밖에 없다. 오히려 어른이 지나치는 부분을 아이들은 찾아내기도 한다. 규칙 교대 읽기는 읽기훈련을 게임처럼 흥미진진하게 만든다. 즐겁게 교대하다 보면 아이의 읽기는 금세 유창해진다. 상대가 틀릴까 눈을 크게 뜨고 귀를 쫑긋 세운다. 부모가 틀리는 것을 아이들은 간절히 기다린다. 상대의 실수를 귀신같이 찾아낸다. 평소 읽기 싫어하던 아이가 맞나 의심할 정도다. 상대의 소리에 귀 기울이고 내가 읽을 부분을 기다리는 것은 집중력 훈련에도 아주 좋다.

아이들은 이 활동으로 실수를 두려워하지 않게 된다. 안 틀리기 위해 애쓰는 것도 유익하고, 틀린다 해도 게임이 이어지기 때문에 괜찮다. 가족 모두 돌아가며 아이와 게임처럼 읽기훈련을 해보면 어떨까?

불규칙 교대 읽기(정하지 않고 갑자기 넘겨주고 받아 읽기)

규칙 교대 읽기가 예측 가능한 활동이라면 불규칙 교대 읽기는 예측할 수 없어 손에 땀을 쥐며 진행할 수 있다. 아이는 젖먹던 힘까지 다해 집중한다. 언제 상대가 읽기를 멈출지 모르기 때문이다. 틈을 주지 않는 것이 중요하다. 정작 읽던 사람은 자신이 틀린 줄 모르다가 상대가 받아 읽으면 정신이 번쩍 든다. 엄마 혼자 몇 줄 읽으면 아이는 금세 입이 통통 부어 "나 안 해!"를 외친다. 아이가 흥미를 유지하고 집중시키는 게 목적이다. 부모가 가끔 틀리면 아이는 신이 난다.

불규칙의 기준을 다르게 정해보자. 앞사람이 읽다가 원하는 곳에 끊어버린다. 귀를 쫑긋 세우고 듣던 상대가 화들짝 놀라 글을 이어 읽어야 한다. 잠시만 방심해도 읽던 위치를 놓친다. 스티커를 활용하거나 점수를 매기면서 건전한 상벌을 정한다. 다양한 읽기 방법은 놀이처럼 접근할 수 있어 아이가 읽기에 흥미를 잃을 때마다 활용하면 좋다. 단, 부모가 적당히 실수를 해줘야 한다.

읽기독립을 위한 텍스트

그림책

읽기독립에 좋은 책은 그림책이다. 아이들은 영유아기 때부터 그림책을 장난감처럼 갖고 논다. 엄마가 읽어주는 책에 신기한 이야기가 가득하다. 살아있듯 재미있게 표현된 그림에서 시선을 뗄 수 없던 그 책을 자신이 스스로 읽기 시작한다는 것은 큰 모험이자 놀라운 경험이다. 그림책은 친숙하면서 어렵지 않다. 글자가 적어 심리적 거부반응도 없다. 훈련을 위해 아이가 좋아하는 그림책을 고르게 하면 좋다. 책이 얇고 글자가 적어도 괜찮다. 너무 짧다면 반복해서 읽으면 된다. 그림책은 읽기가 미숙한 아이의 부담을 덜어주고 내용이해를 돕는다. 그림으로 내용을 유추할 수 있다. 만약 아이들에게 글자만 가득한 책을 준다면 어떨까? 아이들은 자기 수준보다 높은 책을 기가 막히게 알아본다. 읽기도 전에 반감을 느껴 훈련을 거부할 수도 있다. 분량이 적어도 아이가 고를 수 있게 기회를 줘야 하는 이유다.

태어나면서부터 스마트폰을 경험하고 일상 속 다양한 디바이스로 신기술을 접하는 요즘 아이들을 디지털 원주민이라고 한다. 최재붕 교수는 포노사피엔스라는 신조어로 표현한다. 날때부터 유아 콘텐츠를 접하다 보니 고사리 같은 작은 손으로도 엄마의 휴대폰을 능숙하게 조작한다. 자극적 시각 매체에 노출은 기본이다. 문자해독 훈련을 위해 글자로만 구성된 책을 준다면 아이들은 흥미를 느끼지 못할 것이다. 아이들은 그림 없이 글자로만 구성된 책에 거부감을 느낀다. 문자친숙도가 생기기까지 아이가 좋아하는 책을 선택할 수 있는 기회를 주자.

유아기에 즐겨보던 그림책으로 읽기를 훈련해도 좋다. 다 읽어서 버릴 참이던 어린 시절 추억의 책을 꺼내 빨간 색연필로 아는 낱말을 표시해봐도 좋다. 동생에게 읽어주기 위해 연습한다고 말하면 꽤 그럴싸하다. 아직 읽기훈련 초기의 아이들은 글자만 있는 책을 공포물처럼 생각한다. 한두 장 넘기기 전 글책임을 알아차린다. 한 권을 잘 읽을 때까지 쉬운 그림책을 반복해서 읽게 한다. 자주 반복한 그림책이라면 글자만 타이핑해서 활동지로 읽혀보자. 문자 분량을 점점 늘리다 보면 글책에 대한 거부감이 줄어들 것이다.

그림책은 이미 읽기독립을 한 아이들에게도 글에 대한 피로도를 줄이는 도피처가 될 수 있다. 그런데 그림책 읽기에도 주의할 점이 있다. 그림책이 훌륭해도 그것을 제멋대로 읽는 게 문제다. 저학년은 그림책을 주로 읽기 때문에 글을 대충 읽어도 모르는 티가 잘 나지 않는다. 아이들이 본문의 글자를 꼼꼼하게 다 읽지 않아도 그림으로 내용의 흐름을 알 수 있다. 표현력이 풍부하면 마치 다 아는 것처럼 말하는 탓에 부모는 읽기 능력이 좋다고 착각한다. 2학년이 된 아이가 앉은 자리에서 그림책 여러 권을 빠르게 넘기고 다 읽었다고 말한다. 그러면 부모님은 다음 단계를 고민하고 글 위주의 책을 준비한다. 그때부터 아이들의 독서 인생에 빨간불이 켜진다. 그렇게 잘 읽던 아이가 책을 읽지 않으려 한다. 그림책이 쉬워 그런 종류만 읽어왔는데 급격한 레벨업에 지레 겁을 먹는 것이다. 씨름하던 부모는 결국 타협한다. 이대로 책을 영원히 멀리할까 봐 학습만화를 구해 책꽂이를 채운다. "학습만화라도 읽는 게 어디예요, 휴." 여느 가정에서나 볼 수 있는 장면 아닌가?

아이들이 그림책으로 읽기훈련을 할 때 알아두면 좋은 점

- 그림책이라도 어려운 어휘가 많거나 철학적 내용을 포함한 것을 처음부터 주지 않는다.
- 그림책도 글자가 많은 것이 있다. 아이의 능력에 따라 글자의 양을 보고 결정한다.
- 아이가 좋아하는 취향의 그림을 고른다. 아이의 선택을 존중한다.
- 한 권을 읽어도 낱자를 빠뜨리거나 틀리지 않고 읽는 걸 목표로 두면 하루에 한 권을 다 못 읽을 수 있다. 괜찮다.
- 책을 스스로 고르기 두려워한다면 부모가 여러 권 골라 선택하게 한다. 읽기 자신감이 생기면 아이가 골라 읽을 수 있다.
- 한 페이지에 아이가 어려워하는 말이 여러 개라면 며칠 반복해서 읽도록 한다.
- 책을 잘못 선택하는 것도 공부다. 고른 책이 생각보다 재미없을 때 과감히 다른 책으로 바꾼다. 그러는 과정에서 좋은 책, 좋아하는 책을 구분하는 힘이 생긴다.

동시

문자해독이 약한 아이에게 두꺼운 줄글 책을 주면 아이는 당황한다. 읽기독립 초기, 음독을 연습할 때는 글의 길이가 짧은 것이 좋다. 아직 아이들은 내용을 이해하거나 감동하는 단계가 아니기 때문이다. 읽기를 싫어하는 아이도 동시라면 작품 몇 개를 연달아 읽을 수 있다. "까짓것, 쉽네."라는 인상을 준다. 기껏해야 길이가 세 쪽을 넘어가지 않는다. 게다가 그림도 함께 있으니 내용을 상상해 볼거리를 준다.

동시에는 실감이 나는 표현이나 흉내를 내는 말이 많아 읽는 재미가 있다. 부모가 한번 시범을 보이면 아이는 며칠 동안 노랫말 부르듯 흥얼거릴 것이다. 흉내내는 말을 살려 실감나게 함께 읽어보자.

동시 낭독은 '띄어 읽기' 연습을 할 수 있다. 행과 연이 분명하고 짧아서 띄어 읽기 좋다. 저학년 단원에 동시 띄어읽기를 배운다. 동시를 읽으면 띄어읽기 훈련이 어렵지 않다. 그러면 줄글을 의미 단위로 띄어읽는데도 도움이 된다. 이렇게 띄어읽는 것을 '의미 단위 읽기'라고 한다.

동시의 유익함이라 한다면 지혜와 공감이 있겠다. 동시는 아이들이 쓴 시와 어른이 아이들을 위해 쓴 시 둘 다를 지칭한다. 전문적으로 다르게 표현하기도 한다. 아이들이 쓴 동시 중 진솔하게 자기 생각을 그대로 담은 동시가 있고 어른들을 의식해 상투적으로 쓴 동시가 있다. 아이들은 전자를 더 좋아한다. 어른들이 쓴 동시는 아이들의 동시보다 더 정갈하거나 세련된 맛이 있다. 그러나 아이들이 직접 쓴 동시가 불러일으키는 공감과 감동은 이길 수 없다.

상상력 또한 키울 수 있다. 동시를 읽을 때 대개 삽화가 함께하기 때문이다. 그림을 통해 시의 내용을 더 이해할 수 있다. 동시를 읽을 때 아이들 머릿속에는 그림이 그려진다. 상황을 떠올리는 건 아이들의 상상력이 자극되고 있다는 뜻이다.

시는 상징과 비유로 가득해 숨겨진 것을 발견하는 재미가 있다. ~와 같은, ~처럼 등의 비유로 상상하는 재미를 준다. 시인의 관점을 통해 일상 속 익숙한 것에서 새로운 시선을 경험할수 있다.

동시 읽기 tip

- 행과 연의 띄어읽기를 의식해서 읽게 한다.
- 천천히 읽는다.
- 반복해서 읽는다.
- 읽은 후 모르는 표현은 질문한다.
- 흉내내는 말을 여러 번 반복하거나 동작으로 따라 한다.(놀이처럼 해야 한다)
- 비유가 나오면 다른 낱말로 표현해본다.

기타 매체

다양한 매체를 읽는 훈련은 '문자'가 얼마나 널리 쓰이는 소통의 수단인지 알려준다. 문자를 읽는 행위는 세상을 더 잘 이해하고 살아갈 능력임을 눈치채게 만든다. 공부를 목표한 읽기는 협소하다. 삶의 전반에 사용되는 문자를 읽어냄으로써 일상 문해력을 높일 수 있다.

- **설명서** | 블럭이나 장난감 조립을 위한 설명서를 읽어본다.
- **메뉴판** | 식당이나 배달음식 앱에 적힌 글을 읽어본다.
- **온라인쇼핑** | 아이가 좋아하는 분야의 물건을 살 때 상세내용을 읽도록 한다.
- **포털사이트** | 자신이 알아보고 싶은 것을 글자로 치고 검색된 내용을 읽어본다.
- **어린이신문** | 신문은 많은 분야를 담고 있어 유익하고 세상에서 일어나는 일을 알 수 있다. 어린이 눈높이에 맞춰져 있으니 쉽고, 골라 읽을 수 있다는 장점이 있다.
- **전단** | 아파트 입구나 우편함에 붙은 전단을 읽으면 의외의 모르는 어휘를 건질 수 있다.
- **아파트 엘리베이터 알림** | 긴급 알림이나 회의소집, 관리실 공지사항을 알 수 있어 내가 사는 공간에 호기심을 느낀다. 어른들의 용어에서 모르는 낱말을 찾아낼 수 있다.

- 부모가 가입한 전자책 구독서비스 | 어린이용 전자책도 많다. 도서관을 가듯, 어린이 책도 골라 읽어 볼 수 있다.
- 영화 자막 | 읽기독립이 안 된 아이들에게 자막 읽기는 어렵다. 속도도 빠르고 영상 보랴 자막 보랴 그냥 넘기는 내용이 많다. 영상으로 대충 내용을 훑는다. 그래서 영화는 여러 번 반복해서 보아야 한다. 처음 더빙판으로 보고 내용을 익힌 후 자막을 보게 해도 되고 처음부터 자막으로 보게 하는 것도 괜찮다. 힘들어도 후자를 권하고 싶다.

읽기독립이 중요한 이유

호기심을 탐구하는 힘이 생긴다

호기심이 없는 사람은 없다. 호기심은 사물과 현상의 본질과 이유를 알고 싶은 마음이다. 바닥에 기어가는 개미를 보다가 학원 차를 놓치는 게 아이들이다. 아이들이 호기심을 느끼면 저절로 탐구한다. 색종이 접기에 몰두하는 아이는 관련 책을 찾아 지칠 때까지 따라 접는다. 하면 할수록 다음 단계의 호기심에 문을 열게 된다. 호기심은 아이들이 흥미를 느끼는 것에 "왜?"라고 묻는 작용이다. 더 알고 싶거나 잘하고 싶은 마음, 어려운 기술을 배우고 도전하고 싶은 마음이다. 아이들이 흥미를 느낀 분야를 더 알고 싶어 스스로 책을 펼친다면 얼마나 좋을까. 모든 학부모의 소망이 아닐까? 읽기의 본질적 바람이기도 하다.

　스스로 알아서 책을 찾고 읽는 아이가 있지만, 매사에 호기심을 잃은 아이들도 많다. 궁금하지도 않고 알아보고 싶지도 않은 아이는 잔소리를 해야 움직인다. 상벌을 정하고 경쟁을 시켜야 움직이는 아이도 있다. 외재적 동기부여에만 움직이는 것이다. 외재적 동기부여는 스스로 우러나온 마음이 아니기 때문에 효력이 짧다. 권위자가 부재하거나 상벌이 약화되면 그 행동을 멈춘다. 독서는 외재적 동기부여로 지속할 수 없다. EBS 프로그램 가운데 칭찬의 효과를 실험한 영상이 있다. 책을 잘 읽던 아이들이 칭찬스티커와 선물이라는 보상을 위해 건성으로 책을 읽는 모습에 놀랐다. 스스로 탐구하고 발견하는 재미가 독서의 보상이 되어야 아이들이 책에 몰입할 수 있다. 책에 몰입하여 호기심을 충족하려면 제대로 글을 읽는 능력이 기초가 된다. 잘 읽어야 호기심 해결과 탐구활동을 뻗어나가게 한다.

　아이의 읽기단계가 중기, 후기로 접어들면 읽기 자동화로 내용을 잘 이해하게 된다. 이야기가 끌어당기는 힘 때문인지 아이는 마지막 장면이 궁금하다. 그렇게 이야기란 끝까지 읽도록 만드는 힘이 있다. 읽기독립이 안 된 상태라면 책에 호기심이 생겨도 읽을 능력이 부족해 연신 실수하다가 포기한다. 호기심이 꺾여버린다. 내용에 가까워질 수가 없다. 아이들의 호기심이 풀 죽지 않으려면 읽기독립은 필수불가결이다. 속도와 정확도가 중요하다. 읽기독립이 된 아이들은 궁금증을 해소하기 위해 읽고 또 읽는다. 호기심을 스스로 해결하고 탐구하는 힘의 기초는 읽는 힘이다.

배움에 흥미를 느낀다

읽기가 또래보다 2년 정도 느린 순영(초3)이는 어휘력도 낮고, 읽기속도가 느리다. 읽기속도가 느린 것은 문자해독 부진과 배경지식의 부족으로 모르는 낱말이 너무 많아서였다. 기본적인 어휘라도 모를 때가 많았다. 읽은 문장을 몇 번이나 다시 읽어도 낱말의 뜻을 유추하지 못했다. 이런 순영이가 읽기를 싫어할 줄만 알았는데 그 반대였다. 혼자 읽기가 어려워서 그렇지 옆에서 누가 도와주면 천천히 책장을 넘기며 읽는 것을 즐겼다. 엄마와 이야기를 나눠 보니 순응적인 순영이는 주는 대로 수용하는 아이라 모르는 것을 질문하지 않았다고 한다. 단계를 많이 낮춰 어린 동생들 책을 보여주었다. 자기 수준보다 쉬운 책이니 곧잘 읽었다. 속도가 조금 느린 아이는 한두 단계만 낮춰도 읽기가 나아진다. 그리고 읽으면서 질문하기로 훈련했더니 어려운 낱말이 없어야 쉽다고 느끼는 것이다. 그렇게 1년 정도 보내면서 순영이의 읽는 속도가 조금 빨라졌고, 글밥이 늘어도 마다하지 않게 되었다. 어휘 상호작용을 집에서 하고 어휘 메모하기로 아는 낱말군을 늘렸다. 뒤늦게 읽기능력이 향상된 순영이는 새롭게 알게 되는 세상이 마냥 신기해서 책을 스스로 찾아 읽는 아이가 되었다.

순영이는 읽기 자동화가 되니 혼자 읽은 내용을 표현하고 싶어 했다. "선생님, 아셨어요? 소방차가 왜 빨간지?" "선생님, 과학 시간에 왜 그렇게 말하는지 몰랐는데 이제 알겠어요. 여기 봐요." 다른 아이들이라면 당연히 아는데 무슨 호들갑이냐고 할 법한 내용을 가져와 보여준다. 뒤늦게 깨닫기 시작하니 기쁨이 곱절이 된 것이다. 아이가 빠르건 느리건 수준에 맞게 쉽게 시작하면 읽기가 유창해지고 서서히 배움의 기쁨을 느낀다. 그렇게 얻은 배움의 즐거움은 또 다른 배움을 갈망하게 한다. 책을 펼쳐 더 알고 싶은 강렬한 방향성이 생기는 것이다.

읽기를 훈련하기에 늦은 때란 없다. 저학년이면 좋고, 고학년이라도 포기하지 않고 시작한다면 배움의 기쁨을 맛볼 수 있다. 학습부진을 겪는 학생이라면 읽기단계를 많이 낮춰 읽기능력을 차근차근 쌓으면 된다. 읽기부진의 이유를 정확하게 찾고 그에 맞는 지도를 한다면 아이는 자랄 수밖에 없다.

어휘 상호작용으로 독해력을 높인다

정확한 문자해독 능력이 독해력을 키우는 기초다. 문자를 해독해야 그 뜻을 알 수 있다. 책을 좋아하고 다독한 아이들이 어휘력이 높은 이유다. 낯선 글자를 해독하는 데 에너지를 다 쓰면 내용을 파악할 힘이 남지 않는다. 읽기가 유창해져야 내용을 이해하고 생각하는 데 에너지를 쏟을 수 있다. 읽기 자동화는 이해하고 생각하는 독서로 나아가기 위해 매우 중요하다.

독해란 내용을 파악하고 이야기에 드러나지 않는 원인과 결과를 추론하는 읽기다. 동시에 이어질 이야기를 예측하는 힘이기도 하다. 읽기독립을 마친 아이에겐 줄글책을 읽을 수 있는 독서근육이 생겼다. 그림책뿐 아니라 다양한 책에 도전할 수 있는 출발점에 선 것이다. 겨우 읽기독립을 이루었더니 본격적 독서세계에 출발이라니 절망하지 않길 바란다. 독해를 잘하려면 읽기독립이 잘 돼야 한다. 읽기독립 기간을 제대로 보내지 못하면 읽기에 잦은 실수를 하게 되어 기본적인 내용파악에 오류가 생긴다. 생각하며 읽는 건 더욱 힘들어진다. 책장을 앞뒤 자주 넘기는 고학년은 부실한 읽기와 이해도를 가졌음을 보여주는 것이다.

읽기독립 후기에는 다양한 어휘를 습득하면서 이해력이 좋아지는 게 눈에 띈다. 어휘력 증가에 관해 선생님이나 부모에게 낯선 낱말 뜻을 묻는 것은 좋은 습관이다. 내용을 알고 싶어 특정 낱말 때문에 막히는 것을 해소하려는 아이의 노력이다. 재미를 느끼는데 굳이 흐름을 끊어 사전을 찾게 할 필요는 없다. 부모가 아이 수준의 언어로 짧게 설명해주면 된다. 이렇게 오가는 작용을 '어휘 상호작용'이라고 지칭해본다.

"우리 애는 읽을 때 너무 물어봐서 걱정이에요. 어휘력이 약한 건가요?" "너무 쉬운 낱말을 물어봐요. 충격받을 때가 있어요. 우리 아이가 많이 부족한 거죠?" 이런 질문에 긍정적 답을 하고 싶다. 시시때때로 묻는 아이보다 묻지 않는 아이가 더 많다. 안다고 착각하면 묻지 않는다. 언뜻 질문하지 않는 아이가 책 내용을 더 잘 알 것 같지만 그렇지 않은 경우가 더 많다. 질문하지 않는 아이에게 콕 짚어 낱말의 의미를 물으면 대답을 못 한다. 그 낱말을 포함한 문장이나 단락의 의미를 곡해한다. 무의미하게 정해진 시간 책장을 넘긴다면 너무 아까운 시간이 되는 것이다.

어휘력이 폭발하는 초 2~3에 아이들이 읽다가 질문하는 것은 좋은 현상이다. 그런 아이는 알고 싶은 배움의 열정과 호기심을 방치하지 않는 아이다. 스스로 문제해결을 추구하는데 질문이 많다고 걱정할 필요는 없다. 호기심을 채우고 읽는 즐거움을 더하기 위해 질문에 대답을 해주고, 더 나아가 궁금한 낱말을 스마트폰이나 종이사전에서 찾는 방법을 알려준다면 아이는 주도적이고 다이나믹한 독서를 할 수 있게 된다. 이렇게 하는 아이는 낱말의 의미를 문맥의 흐름에서 유추하는 능력을 갖추게 된다. 점점 부모가 사전 역할을 덜 하게 될 것이다. 아이가 질문하면 걱정 대신 칭찬을 보내주는 게 좋다. 다양한 문제 해결 방법을 이용해 어휘력을 쌓도록 지도하면 된다. 어휘력이 자라야 독해를 잘할 수 있다. 독해력에 필요한 사고력과 논리력도 결국 내용파악이 기초인 어휘가 기본이 된다.

자존감 상승

자존감은 자신에 대해 '괜찮은 존재'라고 생각하는 일관된 마음이다. 건강한 자존감의 바탕은 부모의 사랑과 신뢰다. 아이들의 사회생활 반경이 넓어지면서 또래 사이에서 확인하는 존재감, 선생님의 칭찬과 격려, 스스로 작은 일부터 성취하면서 얻는 보람까지. 이 모든 것들이 모여 조금씩 자신을 괜찮은 존재로 여기게 된다. 초등학교는 유치원과 환경이 다르다. 마냥 비슷한 수준으로 보이던 친구들의 격차가 두드러진다. 책을 잘 읽는 친구, 아는 게 많은 친구, 발표를 잘하는 친구, 말을 잘 알아듣는 친구들이 눈에 띄기 시작한다. 자신이 잘하는 것과 못하는 것이 비교 대상을 통해 선명하게 드러난다.

통계에 의하면 아이들의 자존감은 초등입학부터 떨어져 중학교 시기 하향곡선이 가파르고, 고등학생이 되면 최하위에 이른다고 한다. 수준과 능력을 직면하기 때문이다. 자존감 하락의 시작은 초등 저학년이다. 입학하면 교과서에 필기도 하고, 일기숙제와 받아쓰기도 한다. 덧셈 뺄셈을 배우며 칠판 앞에 나가 문제를 풀거나 발표할 일이 많다. 그 과정에 제대로 하지 못할까 두렵고, 실수해서 자존감에 상처를 받기도 한다.

은환(초2)이는 발표를 시킬까 봐 심장이 벌렁거려 수업에 집중하지 못했다. 소규모의 그룹수업임에도 불구하고 자신이 발표해야 한다는 사실에 초반부터 긴장한 눈치였다. 틀려도 되니 자기 생각을 뭐든 말하도록 했다. 정답이 없다는 말에 아이는 점점 편안해했다. 아이들은 학교생활을 통해 자기 수준을 깨닫는다. 실수투성이임을 알고 실망한다. 그런 모든 상황으로부터 도망치고 싶은 아이들의 마음을 이해해야 한다.

이런 상황을 읽기독립과 연결해서 생각해 보자. 교과목을 잘 이해하고 수행하려면 읽기능력이 기초이다. 의미까지 깊이 파악하는 읽기가 아닌 정확하게 소리 내어 읽기만 잘해도 칭찬받을 수 있다. 읽기독립을 위한 훈련은 매일 자신이 잘하고 있고 잘할 수 있다는 자기 효능감을 키운다. 아이가 매일 작은 성취를 이룰 수 있게 부모는 각고의 노력을 기울여야 한다. 아이에게 맡기지 말고 부모와 함께하는 즐거운 경험을 만들어주자. 만만하고 쉬운 읽기 활동을 반복하다 보면 자신감이 생긴다.

교실 생활에서 읽기가 안 되면 아이는 학습에 흥미를 잃는다. 옆 친구에게 장난을 치거나 딴짓을 하게 된다. 특이한 행동을 하는 아이는 문제아로 평가된다. 한번 각인된 이미지는 벗어나기 힘들다. 낙인효과다. 초등학교 저학년 때 형성된 이미지가 대체로 6학년까지 이어진다고 한다. 친구들로부터 말썽꾸러기라고 낙인찍히면 그게 싫으면서도 말썽꾸러기처럼 행동하는 심리도 작용한다.

초1 아이의 자존감 향상으로는 작은 성취를 매일 하는 것이 중요하다. '나는 잘할 수 있어'라는 생각이 '나는 괜찮은 아이야'라는 생각으로 발전한다. 읽기훈련을 만만하게 시작하는 것은 아이의 자존감을 세우기 위함이다. 매일 훈련을 지속하는 아이의 근성은 칭찬받아 마땅하다.

성장형 사고를 하는 아이로 자라요

사람의 뇌는 멈추지 않고 계속 성장한다. 다양한 경험의 누적과 반복이 뇌를 변화시킨다는 신경가소성 이론은 다양한 학문에 적용되고 있다. 스탠퍼드 대학 캐롤 드웩 교수는 사람의 사고를 고정형과 성장형으로 나눈다. 아이들은 사람의 두뇌에 대해 어떻게 생각할까?

아이들은 대개 머리가 좋은 아이가 따로 있다고 생각한다. 머리가 나쁘면 노력해도 따라갈 수 없다고 여겨 자신을 기대하지 않는다. 또래가 상을 받으면 원래 잘하는 아이, 똑똑한 아이라서 그렇다고 단정해 버린다. 아이들의 고정형 사고는 어른들의 말과 태도를 보고 배운 것이다. 그저 그런 자신이니까 노력해도 그저 그런 사람일 거라 여기며 도전하지 않는다. 실패할 도전은 시작도 하지 않게 된다. 실패를 통해 비난받은 경험이 누적되면 '해도 안 돼'를 믿게 된다. 아이들이 매사에 능동적으로 행동하지 않는 이유다. 주어진 것만 할 뿐 스스로 찾아 도전할 생각은 하지 않는다. 자신이 도전해도 성공할 수 없는 고정된 존재라고 믿기 때문이다. 소위 머리가 나쁘거나 그 분야를 잘할 수 없다는 생각이 확고하다. 그래서 실패할 경우 탓을 하거나 변명을 한다. 노력보다는 스스로 생각했을 때 가능할 것들만 하려고 한다. 재능이나 지능이 부족하다는 믿음은 수동적으로 행동하게 만든다.

성장형 사고를 하는 아이는 실패하더라도 도전을 감행한다.

몇 번의 실패에도 결국 성취할 수 있다고 믿기 때문이다. 실패에 대해 비난받기보다 다시 도전해보라는 지지를 많이 받은 아이는 매사에 성장형 사고를 작동시켜 움직인다. 결과가 아닌 과정을 칭찬받으면 아이는 더 노력하기 시작한다. 과정을 인정받으면 실수하게 되더라도 눈치를 덜 보게 된다. 노력하면 더 좋아질 수 있다는 생각은 아이를 그만큼 용감하게 만든다. 읽기독립 과정은 실패와 도전의 연속이다. 매번 읽기에 오류가 생기고 다시 수정해야 한다. 스스로 할 때도 있고 부모가 도와줄 때도 있다. 포기하지 않고 몇 달 이상 지속하는 게 쉽지 않다. 그것을 감내한 아이 내면에는 무수한 좌절과 성취의 흔적이 쌓여 있다. 결국 읽기독립을 하게 되었으니 그 흔적은 모두 영광의 상처로 변한다. 잘하든 못하든 매일 도전하고 성취를 반복하면 '읽는 훈련을 해보니 안 되는 게 없네. 노력하면 되는구나'라는 성장형 사고가 견고하게 자리잡을 것이다.

읽기독립 과정에 아이들의 사고방식이 그대로 드러난다. 조금 시도하다가 실수를 반복하면 더 하기 싫어 물러서는 아이가 있고, 실패하더라도 매일 꾸준히 하면 좋아질 것을 기대하는 아이가 있다. 둘의 태도는 확연히 다르다. 부모라면 아이가 후자인 성장형 사고를 하길 바랄 것이다. 실패를 부끄러워하지 않고 나쁜 머리 때문이라 탓하지 않는 아이로 자라는 것이 부모의 소망 아닐까.

고정형 사고와 성장형 사고의 형성은 가장 가까운 사람의 태도와 신념에 영향을 받는다. 아이가 어떤 성취를 했을 때 과정이나 아이의 노력, 태도를 칭찬하는 부모의 태도가 중요하다. 실패라는 결과보다 과정을 인정받기 때문에 아이는 더 노력하고 다시 도전하려고 한다. 성공했을 때, 어려운 책을 잘 읽었을 때, 하루에 책을 많이 읽었을 때, 100점을 받았을 때 결과만 칭찬하면 아이는 더 큰 부담을 느낀다. 완벽한 아이가 되어야 칭찬과 사랑을 받을 것이라고 받아들인다. 다음에 100점이 나오지 않을 것 같으면 아예 시도조차 하지 않게 된다. 실패할까 봐 시도조차 하지 않으려는 아이들이 많다.

이 책에서 여러 차례 강조하는 읽기독립 시기 부모의 태도는 아이의 읽기능력뿐 아니라 성장형 사고가 되게 하는 마중물이 된다. 자녀가 풀 죽지 않고 계속 도전할 수 있도록 질문하기, 가능성을 희망하며 격려하는 것이 한 방법이다. 아이가 무기력해지지 않게 도와줘야 한다. 풀이 죽은 아이는 모든 일에 의욕을 잃어 시큰둥하다. 자신이 이룰 결과는 짐짓 뻔할 것이라 예견한다.

한글을 떼고 읽기훈련 중 더듬거리거나 실수를 반복해도 약속을 지키려는 책임감이나 매일 반복하는 성실함은 칭찬받아 마땅한 요소이다. 애쓴 흔적, 실패에도 포기하지 않는 근성처럼 칭찬할거리는 넘쳐난다. 읽기독립 과정을 통해 고정형 사고를 하는 아이라도 성장형 사고로 변할 수 있다. 고정형 사고가 작동하면 아이는 억지로 하게 된다. 어제까지 잘하다가도 오늘은 아닐 수 있다. 두 가지 태도를 왕래할지라도 부모는 인내로 버텨야 한다. 아이의 흔들림을 잡아주는 버팀목은 부모의 몫이다.

아이들에게 뇌 가소성 원리가 담긴 과학기사를 읽게 했다. 고학년 아이들은 공부머리는 타고난 것으로 생각하고 있었다. 기사를 읽고 아이들은 놀란 눈이 되었다. 머리가 좋은 아이니까 잘할 것이라는 믿음은 어떻게 생겼을까? 기사를 읽고 깨달은 점을 물었다. 뇌가 계속 발전한다는 사실이 놀랍다고 했다. "우리의 뇌도 그럴까?"라고 물었더니 아이들이 고개를 갸웃거렸다. 아이들의 생각이 먼저 바뀌어야 한다. 전국 고등학교 전교 1등의 평균 아이큐가 평균 이상도 이하도 아니라는 내용을 아이들은 믿지 못하는 눈치였다. 아이큐가 높아서 공부를 잘하는 학생과 자신은 근본이 다르다는 생각, 머리가 나빠 이번 생은 망했다고 생각하는 아이들이었다. 이날 이후로 중학교 진학을 앞둔 일부 아이들의 태도가 바뀌었다. 집중하려 애썼고 제

우리 아이에게 필요한 읽기독립 디딤돌

시한 지문을 얼렁뚱땅 읽지 않기 시작했다. 글씨체가 바뀌고 손이 귀찮도록 노트필기를 하려 노력했다. '뇌는 쓸수록 발전한다'는 성장형 사고로 도전하고 연습하면 일어날 변화에 가장 놀라는 사람은 바로 아이 자신이다.

윤진이(초2)는 엄마와 함께 찾아왔다. 독서 거부증상이 다른 아이들보다 커 보였다. 독서뿐 아니라 담임선생님이 숙제로 낸 받아쓰기 연습과 독서통장에 도서 제목을 적는 일도 거부를 심하게 한다고 했다. 하교 후 학원 수강을 다 마친 아이는 집에 돌아가 과제를 재빠르게 해내지 못하고 뭉그적거렸다. 모녀의 갈등은 점점 심해져 하루도 그냥 넘어가는 날이 없었다. 엄마의 목소리는 담장을 넘기 시작했고, 마음이 상한 아이는 도망치듯 방으로 들어가 나올 생각을 안 했다. 윤진이의 저변에 깔린 '하기 싫다'는 정서는 '나는 잘 못 하는 아이'라는 생각을 드러낸다. 누구보다 똑똑했던 윤진이가 한글을 떼는 과정에서 친구와 비교를 당한 것이 시초였다. 친구는 유난히 한글을 빨리 뗐고 윤진이는 시간이 그보다 두 배나 더 걸렸다. 스스로 부족하다는 생각을 이미 하고 있던 아이의 심리에 엄마의 비난이 가중된 것이다.

한글을 떼는 과정의 아이들은 충분한 칭찬과 격려를 받지 못

한다. 비교라는 횡포에 더 빨리, 더 완벽하게 하라는 요구를 주로 받는다. 한글떼기 후 책을 읽는 과정도 이와 비슷하다. 배워야 하고 연습해야 한다. 문맹인 할머니들은 평생 문자와 기호들로 가득한 사회에 노출된 채 살아왔음에도 한글을 모른 채 사신다. 한글은 교육받아야 깨우칠 수 있다. 문자 중심인 세상에서 문맹으로 소외당하는 이들은 머리가 나쁘거나 노력이 부족해서라고 할 수 없다. 제대로 배운다면 가능한 기능이다. 한글떼기로 벅찬 아이가 다시 읽기독립 과정을 겪어야 하는 상황임을 고려하자. 차근차근 여유를 두고 아이와 훈련에 동참하면 된다. 칭찬의 부족, 난무하는 비난, 눈치 보는 게 일상이 되면 독서영역이 아이에게는 지긋지긋한 영역이 된다. '나는 안 돼. 나는 못 해. 노력해도 제자리야. 늘 실수하잖아.'라는 고정된 사고가 바뀌어야 한다. 읽기독립 기간 동안 아이가 책을 잘 읽게 되는 것과 더불어 성장형 사고라는 열매를 맺게 된다면 바랄 것이 없다.

윤진이는 매일 조금씩 읽으려 노력했고 나의 무한칭찬폭격에 조금씩 얼굴이 밝아졌다. '절대로 혼내거나 단 0.1%라도 못마땅한 표정은 짓지 않기'라는 미션을 받은 윤진이 엄마도 매일 과정을 칭찬하려 무척 애를 썼다. 멈춰 있던 아이의 읽기는 다시 날개를 펼치기 시작했다.

"뛰어나지 않아도 돼."

"천천히 조금씩 나아지고 있어."

"넌 노력하는 아이야. 성실한 네가 대견해."

학교생활이 즐거워진다

한글을 떼지 못하고 입학하면 교실에서 소외감을 느낄 수 있다. 담임선생님도 한글이 부족한 아이들을 돕고 싶지만, 초1 교실은 전쟁터와 같다. 저학년은 아직 제 손으로 못 하는 게 많다. 오랜 세월 교단에서의 경험을 녹인 〈초등 1학년 공부, 책 읽기가 전부다〉에서 송재환 저자는 낙인효과의 실체를 말한다. 초1에 문제아로 찍힌 낙인이 고학년까지 그대로 이어지기 쉽다. 아이 스스로 자신을 바라보는 시선, 선생님의 시선, 부모의 포기, 또래 집단의 낙인에서 아이는 벗어나기 힘들다. '문제아'라는 평가 요인으로 읽기독립의 부재와 학습부진은 연관성이 높다.

아직 한글을 떼지 못한 성훈이(초2)는 매사에 집중을 못 한다. 엄마는 학교로부터 수차례 연락을 받았다. 담임선생님과 전화 상담, 대면 상담을 반복하며 피드백을 듣는다. 성훈이가 산만할 것이라 예상은 했지만, 현실은 더욱 심각했다. 엄마는 절망감을 느꼈다. 성훈이는 밝은 성격이라 친구들이 놀려도 잘 웃고 장난치며 넘기는 듯하면서도 종종 상처를 받았다. 책을 펼치면 그림만 보고 책장을 넘긴 뒤 다 읽었다고 말한다. 문제는 책에 대한 흥미가 없다는 것뿐이 아니었다. 책을 펼쳤을 때 아는 글자보다 모르는 글자가 훨씬 많다는 점이다. 이내 포기해버리는 습관은 집에서도 교실에서도 마찬가지다. 교과서를 읽고 수업을 따라가야 하는데 기본 읽기가 되지 않으니 집중력이 떨어진다. 옆자리 친구들을 방해하기 시작한다. 아이의 독서 이력을 자세히 물어보니 한글을 잘 뗄 수 있는 환경이 아니었고, 적당한 시기를 놓친 게 문제였다.

초1부터 학습 격차는 벌어졌다. 친구들은 엉뚱한 소리를 하고 분위기를 흐리는 성훈이를 좋게 평가하지 않았다. 친구들이 하교 후 성훈이를 놀리는 일이 종종 발생하면서 멀쩡한 아이에게 '바보'라는 소리가 따라붙기 시작했다. 안타까운 마음에 적은 양이라도 조금씩 꾸준히 읽기 지도를 했다. 1년 이상 걸렸지만 혼자 읽을 수 있는 수준이 되었다. 다른 친구들에 비해 1년 이상 격차가 벌어져 있었지만, 틈새라도 채워 '나는 바보 같은 아이야'라고 생각하지 않게 되었다. 참지 못해 자주 욱하던 아이였는데, 서서히 분노조절을 하려고 노력했다. 자연히 친구들과 싸우는 일도 줄어들었다.

다수의 학생은 한글을 어느 정도 배운 상태로 입학한다. 쓰기

우리 아이에게 필요한 읽기독립 디딤돌

는 부족하지만 더듬거리며 읽기는 가능하다. 초등학교 1학년
은 읽기만 잘해도 학습을 따라갈 수 있다. 문자해독과 내용이
해가 가능한 읽기와 쓰기는 1학년이 지나기 전 길러야 하는 가
장 중요한 요소다. 많은 교육 전문가는 '아이의 자존감, 또래 관
계, 교실에서의 규칙준수, 학습내용 이해하기'가 모두 읽기능력
에 달려있다고 입을 모은다.

독서부진과 독서거부에 이르지 않는다

아이들의 독서거부는 다양한 원인에서 출발한다. 잘 읽던 아
이가 다른 매체의 유혹으로 읽기를 거부할 경우, 환경을 정비
하면 다시 책으로 돌아갈 가능성이 있다. 그런데 읽기능력이
부족해서 책을 거부하는 경우는 매체를 제거한다 해도 책으로
돌아가지 않는다. 영상은 눈으로 보고 귀로 들으면 된다. 쉽고
재미있는 유혹이다. 책 읽기는 기호를 읽어 소리로 바꾸고 그
뜻을 이해해야 완성되기 때문에 듣고 보는 작용의 몇 배 이상
에너지가 필요하다. 읽기능력이 좋아지지 않으면 아무리 환경
을 제한해도 아이는 책을 찾지 않는다.

읽기독립 시기를 잘 보낸 저학년들은 책의 즐거움을 발견한
다. 서서히 글밥을 늘려도 읽기의 즐거움 때문에 빨리 적응한
다. 읽기독립을 허술하게 보낸 아이라면 읽기 유창성이 훈련되

지 않아 실수가 많다. 유창하지 않은 실력으로 글책을 읽으면 첫 페이지부터 숨이 막힌다. 교과서가 어려워지는 초등 3~4학년으로 진입하면서 뒤늦게 읽기부진이나 독서 거부반응을 보이는 아이들이 있다. 2학년까지 잘 읽던 아이들이었다. 그림 위주의 그림책에서 글책으로 넘어가야 할 때 아이의 읽기능력이 드러난다. 읽기훈련이 충분치 않으니 문자 친숙도가 낮아 글자가 많으면 부담을 느낀다. 몇 번 시도하다가 이내 포기해버린다. 이쯤 되면 부모는 책을 잘 읽던 아이가 변했다고 느낀다. 찾아온 학부모 가운데 초3, 4 자녀를 둔 경우 비슷한 내용을 질문한다.

아이들은 책을 넘기면서도 다른 생각을 하던가 딴짓을 하며 시간을 버틴다. 아이의 문제이기도 하지만 앞서 읽기독립 시기를 이해하지 못한 어른들의 탓이기도 하다. 독서의 중요성을 알지만 본격적으로 독서를 위해 기초훈련이 필요함을 생각하지 못한다. 읽기독립 과정을 잘 밟아서 읽기 유창성을 얻고 내용이해를 위한 어휘력을 차근차근 쌓다보면 자연스럽게 글책으로 넘어갈 수 있다.

PART 4

읽기독립을 위한 훈련단계

언어발달은 3~5세에 활발해진다. 주로 음성언어가 기반이 된다. 이때 어휘력의 바탕인 기초 배경지식이 쌓인다. 6~7세에 문자에 관심을 보이고 한글을 배우기 시작한다. 어휘력이 폭발하는 시기는 초등입학 후 읽기에 능숙해질 때부터 초등 3~6학년까지다. 초등 언어발달은 음성언어 중심이던 유아기와 달리 문자를 기초로 한다. 문자언어를 기반으로 높은 언어가 급격히 발달한다. 그런데 아이들마다 발달의 격차가 크다. 그 이유는 입학 전까지 누적된 음성언어 노출 때문이다. 음성언어 환경이 어떤가는 언어발달에 중요한 요소다. 그리고 다음으로 문자언어 환경이 발달의 이유이다. 이 둘은 상호 유기적으로 아이의 언어발달에 영향을 미친다. 좋은 언어환경은 언어사용 빈도와 언어내용의 질적 수준에 달렸다. 얼마나 많은 음성언어에 노출되었는가, 어떤 어휘를 듣고 자랐는가로 아이들의 발달 격차를 설명할 수 있다. 미국의 한 연구에서 언어사용이 많은 환경의 아동이 어휘구사력도 월등히 높음을 시사했다. 다양하고 질적 수준이 높은 어휘를 자주 접한 아동이 그렇지 않은 아동보다 다양한 어휘를 사용한다.

어휘력은 이해력의 바탕이다. 유아기 언어발달은 의사소통을 증진시킨다. 영유아기에 형성된 기초어휘력은 글자를 익히고 스스로 읽을 때 도움을 준다. 왜냐하면 아는 말을 글자로 읽을 때 뜻을 잘 이해하기 때문이다. 한글떼기를 몇 살에 했는지, 기간이 얼마나 걸렸는지는 읽기독립 초기에 영향을 미친다. 그런데 한 번 더 언어발달에 기회가 있다. 초등학교 저학년에 어휘력을 쌓으면 제대로 된 독서로 발전할 수 있다.

현장에서 아이들을 관찰하며 읽기독립을 단계적으로 나누어 보았다. 영유아기 시기 음성언어환경, 그 시기에 이루어질 한글교육은 읽기독립 이전 단계로 구분했다.

문자해독능력으로 텍스트를 읽는 단계를 1〉규칙 낱자읽기라고 칭한다. 아이들은 이 과정을 수월하게 진행하지만 곧 읽기에 어려움을 느낀다. 다양한 음운현상 때문에 조음원리대로 읽을 수 없기 때문이다.

그래서 2〉불규칙 낱자읽기 단계의 훈련이 필요하다. 이때 부모가 이 책을 통해 공부한 음운현상을 쉬운 언어로 바꾸어 설명한다. 부모가 원리를 알고 전달하는 것과 "그냥 그렇게 읽는 거야."라고 말하는 건 전혀 다른 차원이다. 불규칙 음운현상이 발생하는 이유는 자연스러운 발음 때문이다. '굳이'를 /구디/라고 읽는 것보다 /구지/라고 읽는 것이 더 자연스럽다. 이런 현상이 일어나는 게 먼저고, 이런 현상을 분류해서 구개음화라고 정의했다. 불규칙 낱말을 유창하게 읽게 되면 쓰기는 좋아질 수 있다. 아이들이 받아쓰기에 실수하는 이유는 불규칙 음운현상 때문이라고 할 수 있다.

여기까지 소화한 아이라면 읽기가 훨씬 자연스러워진 것이다. 말하는 속도로 음독하게 되면 어느 순간 눈으로 읽으려 한다. 이때 아이가 읽긴 읽는데 엉뚱하게 이해하거나 모호하게 넘어갈 수 있다. 의외로 아이들은 당연히 알 법한 낱말에도 걸려 넘어진다. 가끔 점검을 통해 빠르게 건성으로 읽지 않도록 격려한다. 그런 후에 다음 과정은 이제는 내용파악을 잘 하기 위한 단계이다. 3〉 의미읽기 훈련이 바로 그 단계다. 어휘력을 쌓고 관습적 표현에 익숙해지는 단계다. 이 단계를 진행하면서 아이는 자연스럽게 묵독을 하고 가끔 모르는 단어를 질문하는 식으로 읽기독립의 후반을 달리게 된다. 이 시기가 되면 아이는 더 잘 읽게 되고 의미파악도 더 잘하게 된다. 부모가 기다리던 지점에 가까워졌다. 이 구간에서 아이들은 오래 머물게 된다. 소리로 글자를 자동적으로 읽으니 낯선 낱말이나 구절에 걸린다. 본격적인 독서를 시작하더라도 어휘력 쌓기는 계속해야 한다. 1〉단계~3〉단계는 유기적으로 연결되어 있다. 1〉단계에서 3〉의 문제점이 드러나기도 하고 3〉단계에서 2〉의 훈련이 필요할 수도 있다. 각 단계를 물 흐르듯 유연하게 아이의 속도에 맞춰 단계를 넘나들며 연습을 이어나가도 무방하다.

준비 단계

문자교육 시작

과거에 조기교육 열풍이 불었었다. 지금도 일부 연속되고 있는 영역도 있다. 문자교육에서는 뇌과학 발달로 적기교육이 대세다. 이른 문자교육은 비효율적이며 아이 뇌에 나쁜 영향을 미친다고 한다. 영유아기의 뇌는 학습을 감당하기에 미숙하다. 정보를 처리할 능력이 없으니 뇌에 과부하가 걸린다. 이 사실을 간과하고 학습이라는 방식으로 정보를 많이 입력해버리면 다른 뇌 영역의 발달까지 가로막게 된다. 초등입학 전 문자교육을 금하는 선진국이 많다. 과연 문자교육의 적기는 언제일까?

아이가 글자에 관심을 보일 때가 적기다. 문자를 인식하고 구분할 수 있게 되면 아이는 자연스럽게 글자에 대해 질문하기 시작한다. 문자교육에 앞서 아이의 관심사가 무엇인지 관찰해야 한다. 음성언어로써 음소 구분(자·모음 구별), 음절에 대한 이해('피리'와 '피아노' 음절 구분)와 문자를 배우려는 의지가 맞아 떨어져야 한다. 음소 구분은 낱자 소릿값을 구분하는 최소 단위인 자음과 모음을 인식하는 능력이다. 감과 강을 구분하는 소리가 / ㅁ /과 / ㅇ /임을 아는 능력이다. 대개 5세 정도라면 빠른 것이고 6~7세가 적당하다. "어떤 아이가 3세에 한글을 뗐다더라, 엄마가 혼신의 힘을 다한 결과라고 하더라."와 같은 카더라 통신에 흔들려 문자교육의 시기를 정해서는 안 된다. 너무 빨라도, 너무 느려도 안 된다. 필자도 자녀들이 6세 후반기가 되고 글자에 관심을 보인 이후 몇 달 동안 집중적으로 한글교육을 시켰다. 7세 중반에 그림책을 천천히 읽기 시작했고 초등 입학 후 1학년 여름방학에 글책을 천천히 읽기 시작했다. 읽기독립의 개념을 몰랐지만, 아이가 스스로 읽기를 즐기게 된 신호탄이라 여겨 감격했던 기억이 난다.

언어환경으로 배경지식을

읽기독립 과정을 수월하게 지나가려면 준비 단계가 중요하다. 먼저 음성언어에 많이 노출되어야 한다. 대화를 많이 하고 아이가 질문하면 되묻거나 대답을 하되 허투루 하면 안 된다. 단답형 질문이나 대답을 피해 대화를 이어가면 어휘력 확장에 유익하다. 문자를 몰라도 어휘력 습득에는 문제가 없다. 아이들은 가정에서 사용하지 않는 낱말을 이해하는 데 오래 걸린다. 똑같은 1학년이라도 〈팥죽 할멈과 호랑이〉에 나오는 멍석, 지게, 아궁이를 아는 아이가 있고 전혀 모르는 아이도 있다. 들어본 적이 없기 때문이다. 사용하지 않는 단어를 익히는 것은 생소한 외국어를 외우는 것만큼 노력이 필요하다.

읽기독립은 문자해독 능력과 함께 내용 이해 능력까지 포함한다. 아이의 읽기독립 과정에 낯선 낱말로 막히지 않으려면 배경지식을 넓히고 다양한 어휘를 많이 접하도록 일상용어를 다양하게 사용해본다. 음독이 유창해도 내용 파악이 안 되면 아이는 흥미를 잃기 쉽다. 준비 단계에 책을 읽어주고 대화를 많이 하며 꼬리에 꼬리를 무는 질문놀이를 자주 하면 경험지수가 높아져 읽기독립에 큰 도움이 된다. 읽기훈련 1, 2단계를 마친 후 의미파악에 걸려 읽기독립이 안 되는 아이들이 많은데 경험치가 적고 배경지식이 빈약한 경우가 많다. 한글을 빨리 떼는 것도 좋지만, 그 이전에 음성언어에 노출량이 많다면 한글떼기가 늦어도 읽기는 금세 따라잡을 수 있다.

음성언어 노출을 늘리는 방법에는 말놀이가 제격이다. 7~8세 아이들이 가장 좋아하는 활동 중 끝말잇기가 있다. 스무고개는 해도해도 질리지 않는 말놀이다. 다양한 질문을 하면서 상의어 (과일) 하의어(사과, 배, 딸기 등) 개념을 익힐 수 있다. 행동을 보고 말로 설명하는 게임도 아이들의 어휘를 늘리는 데 아주 유익하다. 책을 읽다가 새로운 낱말이 있다면 수첩에 그림사전을 만들어도 된다. 유치원에 다니는 아이라면 음성언어로 말놀이를 하고 초등학교에 입학한 아이라면 글로 쓰면서 놀이를 진행할 수 있다.

독서 긍정 감정을 준비

한글을 다 떼지 못하고 입학한 아이라도 '책은 재미있고 좋은 것'이라는 생각이 들면 도서관 출입을 즐긴다. 스스로 잘 읽을 수 있다는 자기효능감으로 학교 독서행사에 적극적으로 참여한다. 문자교육이 늦었다 하더라도 독서를 긍정적으로 생각하면 말과 글로 하는 활동을 다 좋아한다. 선생님이 해주는 짧은 이야기에도 흥미를 느껴 집중할 수 있다. 교실문고 대출, 학교도서관 행사, 독서통장 기록, 아침 독서시간, 교내 독서 골든벨 등 다양한 독서행사에 참여한다. 참석 결과물을 보며 자극을 더 받는다. 이야기의 특별한 재미를 알기 때문에 자투리 시간에 책을 찾는 게 어색하지 않다. 독서 긍정 감정은 듣기를 즐기고 말하기를 좋아하는 것에서 출발하여 문자에 대한 호감,

읽는 행위를 좋아하는 것에 이르도록 한다.

　여러 번 강조하지만, 한글교육 이전에 다양한 방식으로 접한 언어환경은 문자 중심 세상을 살게 된 아이에게 든든한 기초가 된다. 부모가 읽어주는 것을 즐기는 아이는 그 시간이 평생에 자산이 된다. 책만 읽는 것이 아니라 그림을 보면서 대화하고 재미있는 말을 따라하면서 상호작용한다. 그렇게 이야기는 즐거운 것임을 몸에 새긴다. 어려운 말이 나와도 부모의 적절한 설명으로 어휘가 발달한다. "피노키오는 고래 배 속에서 무슨 생각을 했을까?"라는 질문을 주고받으면서 공감력도 자라게 된다. 풍성한 음성언어생활을 누리다 보면 아이는 자연스럽게 문자에 관심을 가지게 된다.

　아이에게 글자를 가르칠 때는 장기전을 예상해야 한다. 그렇지 않으면 금세 옆집 아이와 비교하게 되고 불안한 마음에 아이를 다그치게 된다. 비교하지 않아야 한다는 걸 알면서도 툭 하면 또래들은 어떤지 언급하게 된다. "5살이 되기 전에 한글을 뗐다더라, 7살인데 책을 하루에 30권 읽는다더라, 어떤 아이는 도서관에 가면 종일 산다더라."처럼 잔소리를 하게 된다. 승부욕을 자극할 수도 있겠지만, 열등감과 부모에게 죄책감을 느끼기도 한다. 열등감과 죄책감으로 하는 공부나 독서는 아이에게 독이 된다. 좋아하지 않지만 억지로 해야 하는 과업이 된다. 일찍 한글을 떼는 것이 당시에는 자랑거리지만 지나 보면 핵심은 아니다. 영국의 한 보고서에 5세에 문자를 뗀 아이와 7세에 문자를 뗀 아이 중에 후자가 독서 흥미도나 성취도가 더 높은 결과를 보였다.

문자교육 주요 팁

1. 자음은 '이름과 소릿값'이 다르다

한글교육을 시작하면 처음 자음과 모음을 접한다. 자음과 모음을 음소라고 하고, 음소를 확실하게 구분할 수 있어야 조음원리를 가르칠 수 있다. 무엇보다 음소(자음·모음)의 소릿값을 구분하는 게 먼저다. 아이들을 가르쳐보니 아이들이 음소 각각의 소릿값을 제대로 모르곤 했다. 가장 기초인 음소의 소릿값을 정확하게 구분하지 못하면 자모음 조합에서 혼선이 생긴다. 기초 읽기를 위해 한글떼기 과정을 잠시 다시 설명하려 한다. (음성학적 전문용어 대신 아이들이 쉽게 이해하도록 현장 중심 설명방식을 이용했다.)

자음	이름	소리	초성(첫소리)	종성(받침소리)
ㄱ	기역	그	첫소리는 ㄱ소리지만 받침에서는 끊어지는 소리다(윽!)	/ 윽,악,옥,억 / -목구멍이 막히는 소리
ㄴ	니은	느	첫소리는 느/혀가 윗니 안쪽에 붙으며 코가 울린다	혀를 누르며 / 안, 은··· / 혀가 눌리는 것을 보여준다 "글자가 눌러서 접혔네" 'ㄴ'
ㄷ	디귿	드	웃~더! 짧게 소리낸다	/은앝읻···/
ㄹ	리을	뤄	앞니 안쪽 입천장에 혀가 붙었다 떨어짐. /으뤄/혀가 말리는 게 글자 모양과 닮음	/ 얼, 알··· / 올~혀가 말림
ㅁ	미음	므	므를 짧게 발음한다	입술을 붙이고/엄-/입 안과 코 안이 울림
ㅂ	비읍	브	입술을 붙였다 뗄 때 '버' 짧게 나는 소리	입술을 붙이고 읍! 숨이 멈춘 느낌
ㅅ	시옷	스	윗니와 아랫니 사이에 바람소리만 나오게	ㄷ소리로 대체

자음	이름	소리	초성(첫소리)	종성(받침소리)
ㅇ	이응	소리가 없거나 응~소리	소리가 나지 않는다. 이 부분을 아이들이 혼란스러워한다	받침에서는 응,앙,잉,엉,옹~으로 코 전체가 울리게 "소리가 동그랗지?"
ㅈ	지읒	ㅅ보다 혀가 조금 낮아진다 / '즈'의 앞소리 /	/즈/짧게 (짧게 내는 이유는 이어지는 모음소리 자리를 내주는 것	ㄷ소리로 대체
ㅊ	치읓	ㅈ의 거센소리	/츠/짧게	ㄷ소리로 대체
ㅋ	키읔	ㄱ의 거센소리	/크/짧게	
ㅌ	티읕	ㄷ의 거센소리	/트/짧게	ㄷ소리로 대체
ㅍ	피읖	ㅂ의 거센소리	/프/짧게	ㅂ소리로 대체
ㅎ	히읗	목구멍에서 나오는 바람소리		ㄷ소리로 대체
ㄲ	쌍기역	ㄱ의 된소리		ㄱ소리 대체
ㄸ	쌍디귿	ㄷ의 된소리		ㄷ소리 대체
ㅃ	쌍비읍	ㅂ의 된소리		받침에 사용하지 않음
ㅆ	쌍시옷	ㅅ의 된소리		ㄷ소리 대체
ㅉ	쌍지읒	ㅈ의 된소리		받침에 사용하지 않음

*자음의 소릿값에서 주의할 것은 첫째, 자음의 이름과 소리가 다르고 둘째, 첫소리와 받침소리 자리에서 소릿값이 달라진다는 점이다.

2. 모음 : 입 모양을 보여주고 정확한 소릿값을 들려준다.

단모음(10개)	이중모음(11개)
ㅏ, ㅓ, ㅗ, ㅜ, ㅡ, ㅣ, ㅐ, ㅔ, ㅚ, ㅟ	ㅑ, ㅕ, ㅛ, ㅠ, ㅘ, ㅝ, ㅙ, ㅞ, ㅖ, ㅒ, ㅢ

어르신들을 대상으로 한글문해교육을 할 때였다. 60~70년 동안 음성언어만 사용해오신 어르신들은 모음의 정확한 음가를 구분하기 어려워하셨다. 글자를 배우기 전에 얼굴을 /얼골/이나 /얼글/에 가까운 소리로 냈다. 모음을 배우고 정확한 모음 발음을 깨닫고 나서야 'ㅜ' 'ㅗ' 'ㅡ'의 중간 발음을 하지 않게 되었다. 아이들이 문자교육을 받으면 이전에 들리는 대로 말하던 발음이 나아진다. 단모음과 함께 소리 낼 때 입술 모양이 바뀌는 이중모음의 소릿값을 아이들이 제대로 알고 읽는 훈련이 필요하다. 이중모음의 소리를 제대로 알아야 자모음 결합으로 내는 소리를 이해할 수 있다. 성인 문맹교육이 그러하듯, 아이들도 소리에 대해 모호하게 이해한다. 자음의 이름과 소리를 구분하는 것만큼 모음의 정확한 발음을 깨우치는 것은 중요하다. 자음은 입술모양과 혀의 위치가 중요하다. 자음과 모음의 소릿값을 보여주고 소리를 따라 하도록 해야 한다. 영어 발음 수업에서 모음 소릿값을 배울 때는 원어민이 내는 소리 영상을 보며 확실하게 연습한다. 마찬가지로 우리 글자의 소리를 자세히 보여주고 익히게 해야 한다. 아이들에게는 영어나 우리 말

이나 음가를 배우고 조음원리를 터득하는 건 동일하게 어렵다.

단모음과 단모음의 결합으로 이루어지는 이중모음 읽기를 익히기 위해서 두 개의 소리가 만나는 과정을 리듬에 맞춰 반복 연습해보자. 이중모음 읽기는 대략 다음과 같다. 'ㅑ=이아이 아~야', 'ㅛ=이오이오~요' 'ㅙ=오애오애~왜' 'ㅞ=우에우에~웨' 'ㅒ=이애이애~얘' 'ㅖ=이에이에~예'라고 며칠 반복하면 도움이 될 것이다. 랩 배틀하듯 연습해보자. 동작을 추가하면 더 좋다.

아래에 표시된 이중모음 훈련 활동지를 작성해 읽는다. A4 용지를 잘라 카드로 만들어 반복 연습하면 어느새 읽기가 능숙해질 것이다. 활동지나 손수 만든 카드를 보여주면 아이는 빠른 속도로 읽는다. 반대로 아이가 카드를 보여주면 부모가 빠르게 읽는다. 이렇게 기본 이중모음 소리에 익숙해야 〈자음+이중모음 결합〉이나 〈자음+이중모음+받침자음 결합〉의 소리를 잘 낼 수 있다.

워와워와	야요야요	유여유여	왜와왜와	의워의워
유워유워	와예와예	얘의얘의	여워여워	와의와의

3. 낱자 구성에 일정한 틀이 있음을 가르쳐준다

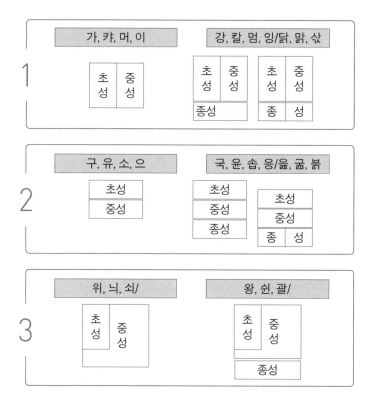

4. 자모음 결합 시 소릿값을 정확하게 이해해야 한다

모음공부 ▶ 자음공부 ▶ 자모(ㄱ,ㄴ,ㄷ···+ㅏ: 자음 변화 연습) ▶ 모자(ㄱ+ㅏ,ㅑ,ㅓ,ㅕ··· : 모음 변화 연습)로 기초조음원리 이해를 진행한다.「자모 ▶ 모자」순서는「모자 ▶ 자모」순서로 진행해도 무방하다.

• 자모 | 동일모음에 자음변화-마지막 입 모양이 같아 하나의 모음을 집중 연습할 수 있고 자음의 변화를 관찰할 수 있다.

(1)자음+ㅏ ((1)만큼 공을 들인다)-가, 나, 다, 라, 마, 바, 사…

(2)자음+ㅑ -갸, 냐, 댜, 랴, 먀…

• 모자 | 동일자음에 모음변화-초성으로 오는 동일한 자음을 집중 연습하며 모음의 변화를 관찰할 수 있다. (같은 자음에 모음을 바꾸어 음절표를 채우고 읽는 연습하기) 가, 거, 고, 구, 그, 기…를 완벽하게 한 후 나, 너, 노, 누, 느, 니…로 진행한다. 진행속도는 가, 거, 고, 구, 구…를 완벽하게 익힐 때까지 일주일이든 한 달이든 복습을 반복하며 진행하면 뒤에 다른 자음으로 바꾸어도 진행이 순조롭다.

(1)ㄱ+단모음(시간이 걸려도 완벽하게 숙지하고 다음 단계로 넘어간다)

(2)ㄴ+단모음

(3)ㄷ+단모음

……ㅎ+단모음 진행 후 (1)로 돌아가 복습 후 ㄱ+이중모음/ㄴ+이중모음…으로 진행한다.

	ㄱ	ㄴ	ㄷ	ㄹ	ㅁ	ㅂ	ㅅ	ㅇ	ㅈ	ㅊ	ㅋ	ㅌ	ㅍ	ㅎ	ㄲ	ㄸ	ㅃ	ㅆ	ㅉ	
ㅏ	가	나	다	라	마															①
ㅓ	거																			②
ㅗ	고																			③
ㅜ	구																			④
ㅡ	그																			⑤
ㅣ	기																			⑥
ㅐ																				⑦
ㅔ																				⑧
ㅚ																				⑨
ㅟ																				⑩
	⑪	⑫	⑬																	

(위 표에서 한글해득 순서는 세로 1~10/ 가로 11~29까지)

①~⑪를 익힐 때 공을 많이 들이면 이어지는 자음과 모음의 변화에 아이는 금세 적응하게 된다.(일부 모음만 표에 기록했기 때문에 도표에 없는 모음까지 연습해야 한다.)

1단계
:규칙 낱자 읽기

원리대로 소리 나는 규칙 낱자 읽기

이 시기는 한글을 떼고 책을 읽기 시작하는 단계다. 아이가 문자와 친숙해지고 낱자를 정확하게 읽기를 바란다. 그런데 모든 낱자를 완벽하게 읽기는 어렵다. 불규칙한 음운형상 때문이다. 우리말에는 글자와 소릿값이 다른 낱말이 많다. 1단계는 규칙대로 소리 나는 낱자를 정확하게 읽는 게 목표다.

자모음이 만나면 어떤 소리가 나는지 한글떼기에서 이미 배운다. 눈으로 낱자를 보고 머릿속에서 소리를 연상한 다음 구강구조를 움직여 소리를 낸다. 매우 복잡해 보이지만 훈련을 하면 '자동화'가 된다. 아이가 한글을 급하게 뗀 경우 음운 낱자 (자음, 모음)의 소릿값을 정확하게 이해하도록 복습시킨다. 한글 뗴기용 낱자음절표는 필자가 운영하는 블로그나 온라인에 무료로 배포된 음절표를 이용한다.

처음에는 또박또박 느리고 정확하게 읽고 빠르고 막힘 없을 때까지 연습한다. 출력물과 한글뗴기에 사용하던 다양한 교재, 텍스트와 단어카드를 이용해 낱자 읽기에 친숙해지면 다양한 책을 골라 몇 페이지를 정해두고 약속한 시간에 반복 읽기를 시도해본다.

요즘 학부모들의 다양한 적용방식에 놀라곤 한다. 아래 예시를 기초로, 아이의 개별성에 맞게 창의적으로 활용하면 좋겠다. 필자가 제시한 모든 훈련을 순서대로 밟아야 읽기독립을 이루는 것이 아니다. 아이에게 잘 맞는 방법 한두 가지를 가지고 3S를 지키며 하다 보면 아이에게 최적화된 읽기훈련법이 만들어질 것이다.

받침 낱자 자동읽기

음절이란 자모음으로 이루어진 읽기의 최소 단위를 말한다. 하나의 낱자 가, 강, 멍, 도, 현과 같이 의미 단위가 아니라 소리 단위인 글자 하나를 한 음절 혹은 낱말이라고 한다. 받침 없는 낱자는 이미 뗐다고 생각하고 받침 있는 낱자부터 설명하려 한다. 한글떼기에서 사용한 음절표에 받침만 추가하면 된다. 한글 자석놀이가 있다면 활용해도 좋다.

받침이 있는 낱자를 읽을 때 받침에 들어가는 자음은 다른데 소리가 같은 경우가 있다. '갚'과 '갑'처럼 'ㅍ'이 'ㅂ'소리가 난다. 자음이 받침 자리인 종성에 위치하면 고유한 소릿값대로 발음되지 않고 7개의 소리가 난다. 이것을 끝소리 규칙이라고 한다. 끝소리 규칙은 소리 나는 위치가 비슷해서 생기는 현상이다. 아이들에게 '교실에 반장이 있듯, 받침소리에도 반장이 7명이 있다'라고 설명하면 어떨까? 외우지 않고 읽기연습을 반복하면 어느새 아이들은 잘 읽게 된다.

음절의 대표끝소리	받침 가능 자음	예
[ㄱ]	ㄱ,ㄲ,ㅋ	부엌[부억], 볶다[복다]
[ㄴ]	ㄴ	난다[난다], 근면[근면]
[ㄷ]	ㄷ,ㅌ,ㅅ,ㅆ, ㅈ,ㅊ,ㅎ	셋[센], 낯설다[낟설다], 곶감[곧감], 빛[빋] 그릇[그륻], 낱말[낟말]
[ㄹ]	ㄹ	흘러[흘러], 할머니[할머니]
[ㅁ]	ㅁ	마음[마음], 몸[몸],
[ㅂ]	ㅂ,ㅍ	ㅂ(앞뜰[압뜰], 밥[밥]
[ㅇ]	ㅇ	웅덩이[웅덩이], 모래성[모래성]

종성(받침자리)에는 19개 자음 모두 위치할 수 있지만 ㄸ,ㅃ, ㅉ은 받침으로 사용하지 않는다. 그래서 16개 자음을 'ㄱ,ㄴ,ㄷ, ㄹ,ㅁ,ㅂ,ㅇ'의 7개 대표음으로만 발음한다. 이런 규칙 때문에 아이들이 '갓, 간, 같, 갖'을 읽을 때 헤매곤 한다. 끝소리 규칙대로 잘 읽게 되어도 받아쓰기 할 때 어렵기만 하다. 아이들과 노래처럼 대표음 7개 자음을 외워보자. 〈기다란 나비 모양〉의 첫소리(초성) 'ㄱ,ㄷ,ㄹ,ㄴ,ㅂ,ㅁ,ㅇ'가 받침소리 반장이다.

1. 대표받침 7개가 들어간 낱자 읽기

'ㄱ'받침	ㄱ	ㄴ	ㄷ	ㄹ …
ㅏ	각	낙	닥	락
ㅓ	걱	넉	덕	럭
ㅗ	곡	녹	독	록
ㅜ	국	눅	둑	룩
ㅡ	극	늑	득	륵
…				

'ㄴ'받침	ㄱ	ㄴ	ㄷ	ㄹ …
ㅏ	간	난	단	란
ㅓ	건	넌	던	런
ㅗ	곤	논	돈	론
ㅜ	군	눈	둔	룬
ㅡ	근	는	든	른
…				

'ㄷ'받침	ㄱ	ㄴ	ㄷ	ㄹ …
ㅏ	갇	낟	닫	랃
ㅓ	걷	넏	덛	런
ㅗ	곧	녿	돋	론
ㅜ	굳	눋	둗	룯
ㅡ	귿	늗	듣	륻
…				

'ㄹ'받침	ㄱ	ㄴ	ㄷ	ㄹ …
ㅏ	갈	날	달	랄
ㅓ	걸	널	덜	럴
ㅗ	골	놀	돌	롤
ㅜ	굴	눌	둘	룰
ㅡ	글	늘	들	를
…				

'ㅁ'받침	ㄱ	ㄴ	ㄷ	ㄹ …
ㅏ	감	남	담	람
ㅓ	검	넘	덤	럼
ㅗ	곰	놈	돔	롬
ㅜ	굼	눔	둠	룸
ㅡ	금	늠	듬	름
…				

'ㅂ'받침	ㄱ	ㄴ	ㄷ	ㄹ …
ㅏ	갑	납	답	랍
ㅓ	겁	넙	덥	럽
ㅗ	곱	놉	돕	롭
ㅜ	굽	눕	둡	룹
ㅡ	급	늡	듭	릅
…				

'ㅇ'받침	ㄱ	ㄴ	ㄷ	ㄹ …
ㅏ	강	낭	당	랑
ㅓ	겅	넝	덩	렁
ㅗ	공	농	동	롱
ㅜ	궁	눙	둥	룽
ㅡ	긍	능	등	릉
…				

읽기독립을 위한 훈련단계

원리를 알았다면 기본 받침 낱자 읽기가 자동화되도록 반복해야 한다. 매일 조금씩 다르게 훈련하는데 표의 오른쪽에서 왼쪽으로 읽기가 기본이다. 왼쪽에서 오른쪽, 아래에서 위 그리고 사선으로 읽어내려간다. 엄마와 함께라면 엄마가 짚는 낱자를 빠른 속도로 읽게 한다. 도중 머뭇거리는 글자가 나오면 표시해두고 나중에 집중적으로 다시 읽는다.

2. 나머지 자음 받침 대표음으로 연습하기

(연습용이라 실제 표기는 하지만 사용하지 않는 받침이 있음을 알려준다.)

받침 낱자 읽기에 유창하다면 나머지 받침으로 쓰이는 9개의 자음을 넣은 낱자를 연습한다. 연습방법은 같다. 눈썰미가 있는 아이라면 '갇'의 소리와 '갓' 소리가 같은 것이냐는 질문을 할 것이다.

'ㅍ'받침	ㄱ	ㄴ	ㄷ	ㄹ	…
ㅏ	갚	낲	닾	랖	
ㅓ	겊	넢	덮	렆	
ㅗ					
ㅜ					
ㅡ					
…					

'ㅅ'받침	ㄱ	ㄴ	ㄷ	ㄹ	…
ㅏ	갓	낫	닷	랏	
ㅓ	것	넛	덧	럿	
ㅗ					
ㅜ					
ㅡ					
…					

'ㅈ'받침	ㄱ	ㄴ	ㄷ	ㄹ	…
ㅏ	갖	낮	닺		
ㅓ	겆	넞			
ㅗ					
ㅜ					
ㅡ					
…					

3. 자음 대표받침소리 모아 연습하기

자음받침을 각각 충분히 연습했다면 확장해서 아래 대표소리가 같은 자음받침글자를 따로 모아 연습한다. ㄱ소리, ㄷ소리, ㅂ소리가 나는 낱자를 한곳에 모아 읽어본다. 아이들 눈이 동그래질 것이다.

'ㄱ'대표소리	ㄱ	ㄲ	ㅋ
가	각	갂	갘
나	낙	낚	낰
다			
라			
마			
…			

'ㄷ'대표소리	ㄷ	ㅌ	ㅅ	ㅆ	ㅈ	ㅊ	ㅎ
가	갇	같	갓	갔	갖	갗	갛
나							
다							
라							
마							
…							

'ㅂ'대표소리	ㅂ	ㅍ
가	갑	갚
나	납	낲
다		
라		
마		
…		

받침 없는 낱자, 받침 있는 낱자 읽기가 자동화되면 아이들은 자신감이 붙는다. 이런 상태가 되어야 2>단계인 불규칙 낱말 읽기로 진행할 수 있다. 처음부터 불규칙적 음운현상이 많은 글자를 접하면 아이들은 '할 수 없는' 상태가 되어 포기하게된다. 기본 낱자를 빠른 속도로 읽고 규칙 낱말을 빠르게 읽도록 훈련을 해야 한다.

낱자를 읽는 동안 책 읽기도 병행한다. 읽다가 불규칙 낱말에 막혀 더듬거릴 수 있다. 부모와 함께 읽다 보면 소릿값을 모르는 말도 얼추 예상해서 읽게 된다. 불규칙보다는 규칙 낱자가 더 많기 때문이다. 2단계에서 불규칙 낱말에서 추가로 교정을 해도 된다. 1〉단계는 '얼마나 유창하게 소리로 읽어내는지'에만 집중하면 된다. 부모가 낱자를 짚을 때 정확하고 빠르게 읽어내려가면 자동화가 되었다고 할 수 있다.

그림책 거꾸로 읽기

아이가 1〉단계에서 음절표를 읽거나 교과서를 읽을 때 그림책을 병행해도 괜찮다. 요일에 따라 다르게 읽어도 되고 하루에 적은 분량을 반복해서 읽어도 된다. 아이의 읽기 수준에 맞춰 텍스트를 바꾸어 가며 읽어보자. 책 한 권을 읽기 어려운 아이라면 음절표를 중심으로 읽으면서 그림책을 병행한다. 변화를 싫어하고 익숙한 것을 반복하기를 좋아하는 아이라면 동일 텍스트 반복하기를 추천한다. 소리 내서 읽기가 유창해지려면 대충 읽어서는 안 된다. 실수를 고치지 않으면 대충 읽게 된다. 아이들이 더듬거리거나 글자를 빠뜨리거나(이탈) 다른 말로 읽는(대치) 이유는 글자에 집중하지 않고 있다는 뜻이다. 눈이 소리로 읽는 것보다 빨라 짐작해버리기 때문이다. '아주머니'가 들어간 문장을 읽는데 열 번을 읽혀도 '앗, 주머니'로 읽는 아이가 짐작해서 읽기의 예라고 할 수 있다. 짐작하며 읽는 습관을 바꾸려면 거꾸로 읽기를 진행해본다. 모든 낱자를 거꾸로 읽으면 의미와 연관성이 없으니 뇌가 지레짐작하지 못한다. 처음에는 답답하겠지만 익숙해지면 속도가 제법 빨라진다. 왼쪽에서 오른쪽, 정방향으로 읽은 후 거꾸로 읽게 하자. 매일 반복할 필요는 없고 아이의 읽기가 건성일 경우 한 번씩 활용해 보는 것이 좋다.

1)단계 훈련은 문자를 소리로 읽기가 유창해지는 것을 목표로 한다. 그렇기에 내용파악에 힘을 뺄 필요가 없다. 1단계에서 제시하는 다양한 활동으로 아이의 낱자읽기 능력은 이전보다 훨씬 좋아질 것이다. 빠르면 몇 주, 느려도 한두 달이면 아이의 낱자읽기는 좋아진다. 기본 글자를 충실히 훈련해서 유창해진 이후엔 불규칙한 낱말이나 낯선 낱말도 용기 있게 읽기 시작할 것이다.

이중모음에 받침소리 유창하게 읽기

읽기독립 준비단계에서 이중모음까지 받침 없는 낱자읽기가 훈련되었다면 이중모음 음절표에 대표받침 7개를 결합해서 읽는 연습을 한다. 앞에서 연습한 시간보다 훨씬 시간이 적게 걸리는 것을 확인할 수 있다. 조음원리를 이해한 상태이기 때문이다. 읽기가 자동화되는 것을 목표로 이미 이 단계를 잘 하는 아이라면 실수 없이 끝까지 한 번 읽히고 다음 단계로 넘어간다.

	ㄱ	ㄴ	ㄷ	ㄹ	ㅁ	ㅂ	ㅅ	ㅇ	ㅈ	ㅊ	ㅋ	ㅌ	ㅍ	ㅎ	ㄲ	ㄸ	ㅃ	ㅆ	ㅉ
ㅑ	야																		
ㅕ																			
ㅛ																			
ㅠ																			
ㅝ	궈	뉘	둬																
ㅘ																			
ㅙ																			
ㅞ																			
ㅒ																			
ㅖ																			

초등학교 저학년 기본 낱말 교과서로 미리 읽기

낱자읽기를 충분히 하면서 병행할 수 있는 읽기훈련이 있다. 초등학교 저학년이 익혀야 할 기본 낱말 읽기이다. 저학년 필수 낱말은 교과서를 기준으로 한다. 교과서에 나오는 어휘를 살펴보고 가정에서 미리 읽는 연습을 해보자. 한 글자 또박또박 읽게 하고 모르는 말에 동그라미로 표시한다. 생소한 낱말 때문에 학교 수업을 따라가기 어려워하는 아이에게 이 방법이 아주 유익하다. 방학 때 다음 학기 교과서 어휘를 미리 훑어보기를 권장한다. 교과서에 지문 외에도 활동문제 제시어를 유의하자. 아이들은 글보다 그 글을 설명하고 문제를 제시하는 문장에서 어휘에 걸려 문제를 풀지 못하는 경우가 많다. 문제집을 읽기훈련으로 사용해도 무방하다. 많은 학부모가 한 학기 문제집을 미리 사서 예습을 시킬 때 얼마나 문제를 틀리느냐에 신경을 곤두세운다. 문제를 얼마나 잘 푸느냐를 살피기 전에 문제에 사용된 학습 관련 어휘의 뜻을 아는지 점검할 필요가 있다.

읽기가 부진한 아이에게는 절대적으로 필요한 훈련이며 혼자 잘 읽는 아이도 의외의 낱말을 모르는 경우가 많으니 점검해볼 필요가 있다. 문제 하나 맞고 틀리고에 연연하지 말자. 〈지문 읽기, 문제 읽고 제시어 이해하기〉가 문제를 많이 푸는 것보다 더 효율적인 공부법이자 읽기훈련이다.

많은 학부모가 문제를 많이 풀수록 공부를 잘할 것이라고 착각한다. 생소한 낱말이나 제시어가 등장했을 때 그 뜻을 분명히 알고 넘어가지 않으면 아이들은 모호한 채 감으로 문제를 풀게 된다. 예습의 방향을 바꿔야 한다. 학년에 맞는 어휘를 골고루 습득해야 다음 학년의 읽기와 이해력에 도움이 된다. 시중에 학년별 어휘를 따로 모아 예문과 함께 제시하는 교재가 많다.

이 같은 교과서나 교재 읽기는 읽기훈련과 함께 아이의 학교 수업을 위한 어휘력향상을 위한 훈련이다. 규칙 낱자와 낱말을 익히는 것과 동시에 학년 군에서 다루는 어휘를 안다면 학교생활이 더 즐거울 것이다.

의미단위 띄어읽기

읽기훈련 초기에는 낱자 하나하나 정확히 읽기, 낱말 유창하게 읽기와 더불어 띄어읽기를 가르치면 아이들의 읽기가 한층 자연스러워진다. 띄어쓰기를 살려 읽을 수 있으려면 내용을 파악해야 가능하다. 처음에는 띄어쓰기에 맞춰 기계적으로 읽다가 서서히 내용을 파악하면서 물 흐르듯 읽게 된다. 음독할 때 띄어읽기로 운율감이 생기면서 내용파악에 도움이 된다. 띄어쓰기는 어절과 어절 사이 간격이다. 숨을 짧게 쉬는 정도면 된다. 읽기훈련하는 아이는 띄어읽기의 중요성을 잘 모른다. 띄어읽기를 시작하기 전에 문장마다 띄어쓰기 된 부분을 찾아 √ 표시하게 한다. 시각적으로 띄어 쓴 부분을 구분해야 띄어읽을 수 있다. 어른의 눈에는 잘 보이는 띄어쓰기가 아이들에게는 잘 보이지 않는다. 띄어읽기는 조금만 설명해도 금세 이해하고 읽을 수 있다. 다만 띄어읽기를 살려 읽을 때 내용이해를 더 잘할 수 있게 된다는 걸 초반에 한 번 설명해주면 아이 스스로 적용하게 될 것이다. 교실에서 친구들과 합독할 때 속도를 맞추느라 낱자를 또박또박 읽을 수 있지만, 가정에서는 띄어쓰기를 살리고 말하는 속도로 자연스럽게 읽는 것을 목표로 한다. (단, 학교에서는 옆 친구들과 호흡을 맞춰 읽으라고 지도해야 한다.)

초등 저학년 교과과정에 띄어읽기가 나온다. 동시를 실감 나게 읽는 법에 대한 수업을 할 때 아이들이 행과 연, 어절을 띄어 읽게 된다. 이 책에서는 읽기훈련의 텍스트로 동시를 다루려고 한다. 자세한 내용은 3부 읽기독립을 위한 매체선정에서 언급 하겠다.

　*1단계 : 규칙 낱자읽기 단계에서는 텍스트로 정한 그림책이나 교재, 활동지를 많이 해치우려 하지 말자. 점검을 통해 제대로 숙지하는 것에 집중한다. 자신감이 생기도록 여러 번 반복하는 것이 좋다. 아이들이 익숙해지면 지겨워할 것 같지만 그렇지 않다. 틀리지 않을 때까지 해보자는 약속을 실천하도록 한다. 유창하게 읽는다는 기준은 읽는 속도가 빠르면서 틀리지 않는 수준으로 정하면 된다. 아이가 다소 부주의한 성향이라면 목표를 조금 낮추는 것도 방법이다. 완벽함을 요구하다가 그전에 질려버려서 읽기훈련을 거부할 수 있기 때문이다. 실수율이 현저히 낮아지면 다른 책으로 넘어간다. 아이가 다양한 것에 관심이 많다면 텍스트를 세 번까지 읽고 실수가 있더라도 다른 본문으로 바꾸어도 된다. 아이 눈에 개별 낱자와 어절이 익숙해지는 게 목표기 때문이다. 훈련을 적용할 때 아이에게 맞게, 아이가 지치지 않게 실행해야 한다. 책이라면 한 권을 다 읽지 않아도 된다. 시간을 정해 읽은 데까지 마무리 짓고 미련 없이 내일 훈련을 기약해도 된다.

2단계
:불규칙 낱말 읽기

불규칙 음운현상 낱말, 문장, 단락 읽기

2단계는 불규칙 낱말을 읽으면서 읽기능력을 키우는 단계다. 한글을 뗄 때 아이들이 어려워하는 지점이다. 기본 자모음 결합규칙을 이해하고 글자마다 소릿값 그대로 읽으면 안 된다. 낱자는 소릿값 그대로이지만 낱자가 만나면 소리 충돌로 음운변동이 생기는 게 당연하다. 배운 대로 읽었는데 자꾸 틀렸다는 지적을 받으면 아이들은 점점 피로도가 높아진다.

한글을 읽을 때 불규칙 음운현상이 많다. 아이들은 한 문장 안에서도 여러 개의 불규칙 낱말을 읽어야 한다. 아이가 이해하지 못해서 질문한다면 차근차근 음운현상을 설명해줘야 한다. 불규칙 낱말은 부모의 설명으로 이해하고, 읽기훈련으로 반복하고, 받아쓰기 연습으로 점차 자연스러워질 수 있다.

한글의 원리를 이해한 아이라 할지라도 불규칙 이론을 모르면 잘 읽을 수 없다. "왜 이렇게 소리가 나?" "배운 대로 읽었는데 이상해!"라는 말을 반복할 수도 있다. 불규칙 이론을 부모가 먼저 소화해서 아이들에게 대표적인 낱말을 예로 들어 설명해주자. 읽기 훈련량이 쌓여 불규칙 어휘군에 익숙해지면 시간은 걸리지만 잘 읽게 될 것이다.

연음 : 'ㅇ'은 마술사

연음에 막히는 아이들이 많다. 쓰인 대로 읽으면 안 된다는 걸 발견한다. 낱자 두 개가 만나면서 원래 소릿값과 다른 소리가 난다. 이해할 수 없는 노릇이다. 대표받침 소리에 막 적응했더니 연음 규칙을 접하면 더 놀란다. 그러나 결국 넘어갈 수 있는 언덕이다.

현수는 2학년을 코앞에 두고 읽기가 늘지 않아 찾아왔다. 유순한 아이들은 시키는 대로 하지만, 현수는 의견을 말해야 직성이 풀리는 아이였다. 왜 그렇게 읽어야 하냐며 볼멘소리를 했다. 쓰인 대로 읽으면 안 되냐며 불만을 드러냈다. 반항하듯 연음규칙을 무시했다. '국물을 마셨어요'를 [국(쉬고)물을 마셔어요]라고 또박또박 낱자소리를 그대로 발음했다. 자신이 읽고도 앙다문 입술 사이로 웃음이 새어 나온다. 몇 문장을 더 읽었다. 연음을 적용하지 않으면 어색한 소리가 된다는 걸 몸소 느끼고 나니 설명을 받아들이기 시작했다. 일부러 규칙을 만든 게 아니라 소릿값대로 읽으니 자연스럽지 않아 생긴 불규칙임을 받아들이게 되었다.

연음이 되는 낱말은 먼저 낱자를 소릿값대로 읽은 후 두 번째 부드럽게 연결해서 읽도록 했다. 이런 반복으로 현수는 연음을 살려 부드럽게 읽기 시작했다. 연음은 아이들이 읽을 때 자주 접하는 난관이지만 몇 번 설명해주면 자연스럽게 익힐 수 있는 규칙이다. 자세한 원리는 아래와 같다.

종성(받침)에 쓰인 ㄱ, ㄴ, ㄹ, ㅁ, ㅂ, ㅅ, ㅈ, ㅊ, ㅋ, ㅌ, ㅍ이 뒤에 '이'를 만나 'ㅇ' 초성 자리에 소리가 넘어간다. 아이들에게 예외까지 하나하나 가르치면 초기에 지치므로 뒤에 간단하게 설명해준다. 예외조항이 나오면 반복해서 읽어 익히도록 한다. 'ㅇ'은 초성에 쓰일 때 손님을 초대하는 성격이라고 설명하니 아이들이 쉽게 이해했다.

할아버지[하라버지] / 더듬이[더드미]
놀이[노리] / 귀걸이[귀거리]
이갈이[이가리] / 얼음[어름]

서로 다른 두 개의 자음이 받침일 경우 대부분 연음이 된다.

읽으면[일그면] / 넓은[널븐] / 낡아[날가]

ㅎ은 마술사

ㅎ은 마술사처럼 앞뒤 자음을 만나면 거센소리가 되거나 스스로 탈락한다. ㄱ은 ㅋ, ㄷ은 ㅌ, ㅂ은 ㅍ, ㅈ은 ㅊ이 된다. (*예사소리 : ㄱ~ㅎ/거센소리 : ㅋ,ㅌ,ㅍ,ㅊ/된소리 : ㄲ,ㄸ,ㅃ,ㅆ,ㅉ)

'ㅎ'이 앞에 있을 때	뒤에 다른 자음 'ㄱ, ㄷ, ㅈ'을 만나면 거센소리(ㅋ, ㅌ, ㅊ)으로 바뀐다	발갛다[발가타] 어떻게[어떠케] 좋고[조코] 동그랗게[동그라케] 좋고[조코] 못하는[모타는]

ㅎ이 뒤에 있을 때	앞에 받침이 ㄱ, ㄹㄱ/ㄷ /ㅈ, ㄴㅈ이 오면 ㅋ/ㅌ/ㅍ/ㅊ으로 소리가 바뀐다.	착하다[차카다] 입학식[이팍식] 잡히고[자피고] 급하다[그파다] 축하해[추카해] 굵혀서[글켜서] 앉히면[안치면]
ㅎ탈락현상	받침ㅎ 뒤에 '이, 아, 어, 은'같은 모음이 오거나 'ㄴ'이 오면 ㅎ은 탈락한다.	놓여서 [노여서] 좋아요[조아요] 낳은[나은]

구개음화 : '굳이'

받침글자 ㄷ과 ㅌ이 뒤에 ㅣ, ㅑ, ㅕ, ㅠ, ㅛ를 만나면 ㅈ과 ㅊ으로 소리가 바뀐다. 아이들에게 발음 그대로 읽게 하고 구개음화를 살려 부모가 시범을 보이면 아이는 차이를 확연하게 느낄 것이다. 시범을 보여주고 따라 읽게 한다.

굳이[구지] / 해돋이[해도지]
맏이[마지] / 미닫이[미다지]
같이[가치] / 끝이[끄치] / 붙여[부쳐]

된소리 현상 (경음화 현상)

뒤 음절의 첫소리에 ㅂ, ㄷ, ㅅ, ㅈ, ㄱ이 있으면 앞 음절의 받침 때문에 영향을 받아 된소리로 변한다. 혹은 앞에 낱자가 받침이 없을 경우 뒤에 ㄱ, ㄷ, ㅂ, ㅅ, ㅈ이 모음의 영향을 받아 된소리가 된다.

갓길[갇낄] / 입술[입쑬] / 치과[치꽈] / 꼭대기[꼭때기]
억지로[억찌로] / 잡고[잡꼬] / 잡다[잡따] / 학교[학꾜]
절대[절때] / 신고[신꼬] / 닮다[담따]

예사소리(ㄱ~ㅎ)와 된소리(ㄲ, ㄸ, ㅃ, ㅆ, ㅉ)의 차이를 몇 번 반복해보면 아이들은 금세 된소리 음가를 이해한다. 예외로 동음이의어일 경우 발음이 두 가지로 나기 때문에 예사소리와 된소리로 구분하려면 까다로울 수 있다. 낱말의 의미를 유추해서 소리를 내야 하기 때문이다. 3단계로 의미읽기 수준이 되면 문맥의 흐름과 의미를 생각하며 읽기 때문에 두 개의 소리를 번갈아 내고 소리를 찾기도 한다. 낱말 표기는 같은데 의미가 두 개 이상인 낱말은 내용이 무엇인지 파악하고 음가를 선택해야 한다.

대가[대까][대가] / 소수[소쑤][소수] / 안다[안따][안다]

비음화 : 콧소리 '앙앙'

비음은 코가 울려서 나는 부드러운 소리다. 'ㄴ, ㅁ'은 발성 위치상 비음이다. [ㄱ, ㄷ, ㅂ]받침이 뒤에 초성으로 비음 'ㄴ, ㅁ'을 만나면 앞에 받침소리가 ㅇ, ㄴ, ㅁ으로 변한다. 소리가 서로 닮는 이유는 발음을 편하게 하기 위한 자연스러운 현상이다. 낱자 소릿값 그대로 읽은 후 비음화 현상대로 읽는 시범을 보이면 아이가 따라 읽는 연습을 한다.

국물[궁물] / 앞문[암문] / 받는[반는] / 국난[궁난]
국립[궁납] / 부엌문[부엉문] / 앞머리[암머리]

유음화 : 'ㄹ'은 마술사

자음을 구분할 때 앞에서 비음을 말했다면 유음으로는 'ㄹ'이 있다. 비음 'ㄴ'이 'ㄹ'을 만나 'ㄹ'로 변한다. 이와 반대로 만나도 동일하다. 앞에 'ㄹ'이 뒤에 'ㄴ'에 영향을 줘서 'ㄴ'이 'ㄹ'

로 소리가 변한다. 'ㄹ'은 힘이 세서 앞이나 뒤에 'ㄴ'이 닮은 소리를 내는 것이라 설명하면 이해하기 쉽다.

훈련[훌련] / 신라[실라] / 난로[날로] / 줄넘기[줄럼끼]
원리[월리] / 설날[설랄] / 별님[별림]

그 외 여러 가지 규칙이 있지만 2단계에서 이 모든 규칙을 다 알아야 유창하게 읽는 것은 아니기에 음운첨가나 사잇소리현상은 넘어가도록 하겠다.

끝소리 규칙 : 겹받침의 발음

겹받침을 소리 내는 규칙은 아주 쉽다. 단 3개 겹받침 외에 모든 겹받침은 무조건 앞의 자음을 소리 낸다. 받침 뒷자리 자음을 소리 내는 경우 3가지는 ㄺ, ㄻ, ㄿ 이다. 예를 들자면, 밝다[박따], 굶다[굼따], 읊다[읍따] 가 될 수 있겠다.

받침 앞소리			받침 뒷소리		
받침형태	소리	예	받침형태	소리	예
ㄱㅅ	ㄱ	삯, 몫	ㄹㄱ	ㄱ	닭살, 흙
ㄴㅈ	ㄴ	얹잖다/앉다	ㄹㅁ	ㅁ	굶다, 삶다
ㄹㅂ	ㄹ	넓다/여덟	ㄹㅍ	ㅍ	읊다
ㄹㅅ	ㄹ				
ㄹㅌ	ㄹ	핥다		"고(ㄱ)물(ㅁ)폰(ㅍ)에서	
ㅂㅅ	ㅂ	없다/값		겹받침의 뒷소리가 난다."라고	
ㄴㅎ	ㄴ			설명하면 이해가 쉽다.	
ㄹㅎ	ㄹ	앓다/곯다			

3단계
:의미읽기

의미파악을 위한 훈련 : 속담, 관용어, 흉내 내는 말, 기타 관용표현

- 낯선 어휘는 읽기의 유창함을 막는다.
- 낯선 어휘는 문장과 단락의 이해를 떨어뜨린다.
- 어른에게 익숙한 표현이 아이들에게는 생소하다.
- 일상에서 관습적으로 쓰는 말의 뜻을 아이들은 잘 모른다.

아이들에게 어려운 관용어

읽기독립 후기가 되면서 음독으로 읽기 자동화가 된 아이는 낯선 표현을 만나면 질문하게 된다. 낯선 낱말, 관용어, 속담에 대한 것이다. 예로부터 습관적으로 쓰던 말이라 익숙해진 관용어가 아이들에게는 어렵다. 어른에게는 익숙하고 쉽다고 설명하지 않으면 아이는 모호한 채 건성으로 읽는다. 사물의 특성이나 신체의 특성을 이용해 표현하기 때문에 낱말 본래 의미로 해석하면 뜻을 파악할 수 없다. 관용어는 저학년이 읽는 책에도 많이 나온다. 의미를 모른 채 낱말 뜻 그대로 해석하니 도무지 이해할 수 없는 것이다.

저학년 수준에 맞춰 속담과 관용어의 유래와 뜻을 설명하는 서적이 많다. 읽고 이해를 못 하는 아이들에게 권한다. 질문할 때마다 설명해주고 한 문장씩 말로 주고받아보면 금세 익힐 수 있다. 다음 예시 외에 아이가 질문할 때마다 함께 찾아보길 권한다.

관용어	쉬운 뜻
귀에 못이 박히다	같은 말을 여러 번 듣는다
배가 아프다	몹시 부럽다
간이 크다	겁 없이 무모하다
그림의 떡	어려운 일이다
식은 죽 먹기	너무 쉬운 일
입이 벌어지다	매우 놀라거나 좋아하다
발이 넓다	아는 사람이 많다
발이 길다	먹을 복이 있다

관용어	쉬운 뜻
파김치가 되다	힘들어서 지친 상태
가슴이 아프다	몹시 안타깝다
어깨가 무겁다	큰 책임을 맡아 부담을 느낀다
발 벗고 나서다	적극적으로 나서다
발을 구르다	매우 안타까워하거나 다급해하다

〈관용어 뜻은 네이버 관용어 사전에서 빌려옴〉

속담

초등학교 국어 교과에 속담이 자주 나온다. 속담은 고도의 비유라고 할 수 있다. 속담 하나에 숨은 깊은 뜻을 제대로 설명하기란 쉽지 않다. 고학년 학생들도 속담에 대해 질문하면 난색을 보이는 아이가 더 많다. 저학년 때부터 어려운 낱말을 수시로 찾고, 관용어의 의도를 파악하며 속담까지 익힌 아이라면 독해의 걸림돌이 적을 것이다. 저학년에게는 다소 어려워도 부모와 말놀이, 글놀이로 속담의 의미를 한 번씩 짚고 넘어가면 효과가 있을 것이다.

속담의 뜻을 아이에게 설명해보자. 속담의 유래를 알려주는 책을 이용해 아이에게 퀴즈를 내보는 것도 좋다. 앞면에는 속담, 뒷면에는 속담의 뜻이 담긴 카드로 가족 모두 게임을 해본다. 이런 놀이 형식으로 접근하면 학습으로 여기지 않아 수월하게 익힐 수 있다. 필자의 경험을 예로 들어보자면, 학교 앞 문구점에서 산 속담카드를 바닥에 펼치고 삼 형제가 머리를 맞댄후 한 명이 뜻을 외치면 둘이서 눈에 불을 켜고 알맞은 속담을 찾아낸다. 자주 반복하던 놀이 덕분일까? 속담이 걸림돌이 된적은 없었다. 우리 아이들도 가정에서 책을 읽거나 놀이 형태로 속담을 익힌다면 독해력뿐 아니라 조상들의 재치와 지혜까지 배울 수 있다. 아래 속담을 자기만의 언어로 표현해 보자.

호랑이에게 물려가도 정신만 차리면 산다	아무리 위급한 경우라도 정신만 똑똑히 차리면 위기를 벗어날 수 있다
소 잃고 외양간 고친다	일이 이미 잘못된 뒤에는 손을 써도 소용이 없다
지렁이도 밟으면 꿈틀거린다	순하고 좋은 사람이라도 너무 업신여기면 가만있지 아니한다
공든 탑이 무너지랴	정성을 다하여 한 일은 그 결과가 반드시 헛되지 아니하다
남의 떡이 더 커 보인다	남의 것이 제 것보다 더 좋아 보이고 남의 일이 제 일보다 더 쉬워 보인다
도둑이 제 발 저리다	지은 죄가 있으면 자연히 마음이 조마조마해진다
새 발의 피	아주 하찮은 일이나 극히 적은 분량
콩 심은 데 콩 나고 팥 심은 데 팥 난다	모든 일은 근본에 따라 거기에 걸맞은 결과가 나타난다

방귀 뀐 놈이 성낸다	잘못을 저지른 쪽에서 오히려 남에게 성을 낸다
우물 안 개구리	사회의 형편을 모르는, 견문이 좁은 사람
가는 말이 고와야 오는 말이 곱다	남에게 말이나 행동을 좋게 하여야 남도 자기에게 좋게 한다
닭 잡아먹고 오리 발 내민다	옳지 못한 일을 저질러 놓고 엉뚱한 수작으로 속여 넘기려 한다
밑 빠진 독에 물 붓기	아무리 애를 써도 보람 없는 일
바늘 도둑이 소도둑 된다	자그마한 나쁜 일도 자꾸 해서 버릇이 되면 나중에는 큰 죄를 저지르게 된다
믿는 도끼에 발등 찍힌다	잘되리라 믿고 있던 일이 어긋나거나 믿고 있던 사람이 배반하여 오히려 해를 입는다
벼 이삭은 익을수록 고개를 숙인다	교양이 있고 수양을 쌓은 사람일수록 겸손하고 남 앞에서 자기를 내세우려 하지 않는다
달걀로 바위 치기	대항해도 도저히 이길 수 없는 경우
호랑이도 제 말 하면 온다	다른 사람에 관한 이야기를 하는데 공교롭게 그 사람이 나타나는 경우
가재는 게 편	모양이나 형편이 서로 비슷하고 인연이 있는 것끼리 서로 잘 어울리고, 사정을 보아주며 감싸 주기 쉬움을 비유적으로 이르는 말

〈속담의 뜻은 네이버 국어 속담사전에서 빌려옴〉

흉내 내는 말

아이들의 읽기 개선을 위해 '어휘 탐험' 활동을 시켜 모르는 낱말을 찾으라고 했다. 다수의 아이들이 흉내 내는 낱말을 제대로 이해하지 못한다는 사실을 발견했다. 어른에게 쉬운 것이 아이들에게는 어려운 것이다.

흉내 내는 말(의성어, 의태어)은 글에 생기를 준다. 그림책이나 줄글책에도 곧잘 등장한다. 조금 생소하더라도 말의 어감을 익히면 맥락을 이해하는 데 도움이 된다. 부모와 일상대화에서도 흉내 내는 말을 자주 사용하면 자연스럽게 흉내 내는 말 센스가 장착된다.

소리를 흉내 낸 것인지 모양을 흉내 낸 것인지 구분하기 어렵다면 소리로 내보면 된다. '깡충깡충'을 떠올렸을 때 그 소리가 실제 나는지 아닌지를 생각하면 답을 찾을 수 있다.

소리를 흉내 내는 말(의성어)	모양을 흉내 내는 말(의태어)
쿵쿵, 응애응애, 하하호호, 허허허, 킁킁, 쿵덕쿵덕, 쾅쾅, 부르릉, 개굴개굴, 음메음메, 야옹야옹, 또각또각, 딸랑딸랑, 똑똑, 어흥어흥, 흠흠, 에취, 캥캥, 컹컹, 호로록, 쩝쩝	깡총깡총, 껑충껑충, 휘청휘청, 살금살금, 달랑달랑, 동글동글, 어슬렁어슬렁, 하늘하늘, 빙글빙글, 설레설레, 까딱까딱, 흐느적흐느적, 한들한들, 술술, 욱신욱신, 따끔따끔, 실룩실룩

위에 나온 흉내 내는 말 외에도 흉내 내는 말이 많다. 의외로 아이들은 흉내 내는 말의 의미를 잘 모를 뿐 아니라 설명하지도 못한다.

슬근슬근, 뒤죽박죽, 안절부절, 쩌렁쩌렁, 중얼중얼, 겅중겅중, 첨벙첨벙, 참방참방, 찰박찰박, 부슬부슬, 우물우물, 부리부리, 다닥다닥, 바글바글, 웅성웅성, 강중강중, 안달복달, 주뼛주뼛, 달랑달랑, 멀뚱멀뚱, 파닥파닥, 더듬더듬, 절레절레, 구깃구깃, 모락모락, 무럭무럭, 자글자글, 쫑긋쫑긋, 갸우뚱갸우뚱, 북적북적, 움찔움찔, 멀뚱멀뚱, 가물가물, 파릇파릇, 울긋불긋, 듬성듬성, 허겁지겁, 여릿여릿, 일렁일렁, 왈그랑 달그랑, 조곤조곤, 가물가물, 까끌까끌, 주렁주렁, 자박자박, 으리으리

예를 든 어휘로 아이와 함께 퀴즈를 내고 맞추는 식으로 활용해 보면 어떨까? 동작을 보여주고 맞추는 놀이도 유익하다.

동음 이의어 : 다의어

아이들은 같은 글자가 다른 뜻을 내포한다는 사실에 적잖이 당황한다. 읽기훈련을 할 때 문맥에서 낱말의 뜻을 유추하며 읽어야 한다.

종류	의미	특징	예
다의어	두 가지 이상의 의미를 가진 낱말	핵심 의미가 동일하고, 뜻에 연관성이 있다.	● 〈손〉 사람의 팔목 끝에 달린 부분(핵심의미) 여기서 파생되어 연관된 의미로 사용된다. – 손 없는 날(일손 부족), 손을 내밀다(도움 요청), 손이 빠르다(일처리 빠름) ● 〈머리〉 사람이나 동물의목 위의 부분(핵심의미), – 머리가 나쁘다(판단능력), 모임에 머리가 되었다(우두머리), 머리를 기르다(머리털) ● 〈눈〉 감각기관(핵심의미) – 눈이 좋다(시력), 눈이 없니?(판단력)
동음이의어	소리는 같지만 의미가 전혀 다른 낱말	서로 의미의 연관성이 전혀 없어 별개의 낱말로 취급한다. 우연히 소리가 같을 뿐이다.	눈 ┬ 신체감각기관 　　└ 겨울 대기 중 얼음 결정체 다리 ┬ 신체 부위 　　└ 물 건너가는 시설물 배 ┬ 과일 　├ 신체 부위 복부 　└ 해상 교통수단 밤 ┬ 해가 진 후에서 해 뜰 때까지 　└ 열매 발 ┬ 신체 부위 　├ 길이 단위 　└ 가리개

다의어와 동음이의어는 의미의 유사성이 있는가 없는가로 구분한다. 아이들과 말놀이를 하거나 그림으로 표현하기, 카드 만들어 구분하기 등의 활동으로 익힐 수 있다.

저학년이 어려워하는 관습적인 표현

아래와 같은 표현은 그림책이나 저학년 생활동화에 많이 나온다. 일상에서 자주 접하는 말도 포함되어있다. 뜻을 주거니 받거니 사용하면서 익혀두면 책을 읽다가 당황하지 않을 것이다.

울며불며, 물이 들다, 깐깐하다, 비가 개다, 난처해서, 머뭇거리며, 질척이는, 질퍽거리는, 눈을 흘기다, 일그러지다, 화끈거린다, 오도카니, 미심쩍다, 멋쩍은 웃음, 몸져 눕다, 귀 기울이다, 얼얼하다, 다짜고짜, 안성맞춤이다, 곧추세워서, 인사성 밝다, 종종걸음으로, 쥐 죽은 듯, 너 나 할 것 없이, 눈썰미 있다, 실없다, 마음이 삐뚤어져, 풀이 죽은 듯, 어이가 없는

〈참고 속담 관용어책〉(속담 특성상 학습만화와 일러스트 비중이 높은 책이 많다)

- 〈만화 퀴즈로 푸는 어린이 속담〉 -다락원
- 〈읽으면서 바로 써먹는 어린이 시리즈〉 속담편, 관용어편, 고사성어편 -파란정원
- 〈EBS 초등 어맛! 속담 맛집〉 -EBS북스
- 〈너무 재치 있어서 말이 술술 나오는 저학년 속담〉 -키움
- 〈저학년 속담〉 -계림북스

PART 5

읽기독립을 위한 주의사항

부모의 태도가 핵심이다

읽기독립 과정은 아이마다 다르다. 짧게는 한글을 떼면서 독립하는가 하면 1년 이상 걸릴 수도 있다. 초1 2학기가 지나면서 대개 아이들은 읽기가 유창해진다. 이후 읽기훈련의 열매는 어휘력을 얼마나 쌓느냐에 따라 조금씩 달라진다. 그림책에 머물 수도 있고, 글책으로 나아갈 수도 있다. 겨울방학을 지나고 2학년이 된 아이들은 의젓한 모습으로 새학년을 맞는다. 이때 교실 내 아이들의 읽기능력은 1학년 때보다 격차가 조금 더 벌어져 있다. 통계조사에 따르면 몇 개 학년 정도의 읽기 격차가 벌어지기도 한다. 스스로 책을 골라 유창하게 읽고 내용파악도 곧잘 하는 아이는 자신감이 하늘을 찌른다.

아이가 저 혼자 읽기독립을 했을까? 부모님의 보이지 않는 각고의 노력과 노련한 잔소리가 아니었다면 이룰 수 없는 결과다. 그런데 이 시점에서 한 가지 살펴보아야 할 게 있다. 읽기독립 과정을 지나오면서 책에 대한 나쁜 감정을 쌓지 않았을까 되짚어 봐야 한다. 강압적인 분위기에 끌려서 훈련을 했다면 부정적 감정이 쌓였을지 모른다. 읽기독립을 진행 중이든, 막바지든, 읽기독립 만세를 외쳤든 부모의 말과 태도는 늘 다정해야 한다. 과한 잔소리는 금하되 너무 느슨하지 않은 균형이 필요하다. 지금껏 대한 것보다 더 친절하게 아이 편에 서되 독서가 제일 중요하다는 생각이 흔들리지 말아야 한다. 독서라는 관문의 문고리를 돌리는 아이가 그 길을 잘 걸어갈 수 있게 의욕을 꺾으면 안 된다. 학년이 올라갔다고 아이의 읽기 수준보다 어려운 글책을 강요하면 안 된다.

초등 입학 전 한글떼기 과정을 생각해보자. 아이를 앉혀 공부시키느라 속이 썩은 부모가 헤아릴 수 없이 많다. 참을 인을 그으며 아이를 다독여 한글을 가르치던 태도는 읽기독립 기간에도 유의미하다. 성공적인 읽기독립을 위해서는 아이의 읽기 능력 습득보다 부모의 태도가 더 중요하다. 부모의 태도가 읽기독립의 성공 여부를 끌어낸다 해도 과언이 아니다. 읽기도 감정이기 때문에 세밀한 보살핌이 필요하다. 아이에게 쩔쩔매라는 말이 아니다.

  읽기독립 기간 동안 아이가 자주 반복하는 실수에 비난의 눈
초리를 거두고 윽박지르지 않아야 한다. 다른 아이의 독서와
내 아이를 비교하지 않으면 아이를 닦달할 일이 적다. 부모의
욕심과 기대심리를 숨겨야 한다. 아이는 읽으면서 매일 실수하
고 넘어진다. 그런 실패 경험을 긍정적으로 볼 필요가 있다. 부
모의 진정성 있는 격려에 아이는 자존감을 잃지 않으며 재도전
을 반복할 것이다. 이런 반복은 회복 탄력성을 기른다. 실패에
비난받지 않아야 끝까지 도전하는 야성이 자란다. 이 과정에서
부모도 마찬가지 회복 탄력성이 자라야 한다. 매일 실망하지만
다시 믿어주기를 반복하는 신뢰와 기대감을 늘 장착해야 한다.
용기와 뻔뻔함, 재도전의 용기는 아이와 부모 모두에게 필요하
다. 엄마가 굳건하게 믿고 나아가면 아이도 따라갈 수 있다. 엄
마의 한숨은 '불가능과 무능력에 대한 좌절감'으로 아이의 가
슴에 박힌다. 읽기독립에서 보여야 할 부모의 태도와 그 중요
성은 이 책이 끝날 때까지 반복하고 싶은 가치다.

  〈디지털 시대에 아이를 키운다는 것〉에서 저자는 메리엄 웹
스터 사전을 인용하여 '자신에 대한 확신과 만족'을 자존감이
라고 정의했다. 이런 만족과 확신은 아이가 시간을 들여 연습

할 때 강해진다. 미래를 자기 주도적으로 헤쳐나가려면 자존감이 핵심이다. 자존감으로 형성된 회복 탄력성이 무수한 넘어짐에도 다시 일어날 근육을 키운다.

아이가 실수했을 때 다시 도전하지 않고 포기하면 '성격이 그렇다'라고 치부하면 안 된다. 중요하고 필요한 행위라면 싫어도 다시 도전해야 한다. 부모는 아이가 포기하려고 할 때 새 힘을 불어넣어 주라고 신이 보낸 존재다. "너는 늘 그래, 해도 안 될 거야, 그렇게 해서 되겠니?"라는 낙인을 찍으면 안 된다. 부모의 부정적 피드백이나 굳은 표정과 앙칼진 말투는 아이에게 '하기 싫은' 감정을 쌓는다. 아이의 한 번 닫힌 마음은 다시 열기 어렵다.

아이는 호기심 덩어리다. 흥미를 느껴서 도전할 때마다 결과와 상관없이 칭찬을 받는다면 포기할 이유가 없다. 단기에 좋은 결과를 내고 금세 따라 하는 엄친아들을 부러워 말고 내 아이의 사소한 도전과 용기의 위대함을 인정해주길 바란다.

읽기독립을 위한 주의사항

훈련 읽기와 일상 읽기를 구분하라

하루 한 번 정해진 시간에 읽기훈련을 약속했다면 유의할 점이 있다. 함께 음독하고 손가락으로 밑줄을 긋고 규칙교대읽기를 한다. 음운변동을 설명하고 아이가 다시 읽는 것은 아주 좋다. 그런데 매사 모든 읽기를 훈련처럼 하길 바라면 안 된다. 자유롭게 책장을 넘길 기회를 줘야 한다. 일상생활 중 책을 읽을 때마다 완벽하게 읽기를 강조하면 아이는 금세 지치고 질릴 수밖에 없다. 정확하게 훈련하고 자유롭게 읽는 것을 존중해주자. 의식적 읽기가 아닌 자유로운 읽기도 허용해야 한다.

'그렇게 두면 아이가 내키는 대로 건성으로 읽지 않을까, 틀리면 어떻게 수정해줄까?' 질문할 것이다. 그런데 정확하게 훈련한다면 자유 읽기에 영향을 미친다. 엄마가 주의를 주거나 친절하게 설명해준 내용을 기억하고 자유읽기 시간에 한 번 두 번 적용하게 된다. 하루종일 훈련을 의식한 읽기를 시켜 빨리 읽기독립을 시키겠다고 욕심을 부리면 아이는 탈이 난다.

읽기훈련 타이밍이 아닌 자유롭게 읽을 때, 그림을 볼 수도 있고 그냥 책장을 넘길 수도 있다. 봤던 장면만 반복할 수도 있고 끝까지 읽지 않을 수도 있다. 읽기에 대한 부담을 줄이는 혼자만의 힐링타임이다. 스스로 책을 꺼내는 것만으로도 칭찬해야 한다. '나는 읽는 게 싫어, 나는 잘 못 읽는 아이야'라는 생각이 조금씩 옅어지고 있다는 증거다. 자유읽기를 시도할 때 아이가 배운 대로 읽으려 애쓰는 것을 발견했다면 세상에 없을 칭찬을 부어주자. 아이가 자유롭게 읽을 때 엄마는 간섭하지 않기 위해 자리를 피해준다. 예의주시하며 감시하는 시선, 훈련처럼 읽는지 살피는 압력을 끊어야 아이가 책을 향해 마음을 연다. 엄마의 눈치를 보지 않고 읽기. 재미를 느끼는 독서의 시작은 늘 그렇다. 엄마를 위한 독서가 아닌 자신을 위해 아이가 선택한 읽기 시간을 귀하게 대접하자. 아이들도 저 혼자만의 호젓한 읽기 환경이 필요하다.

훈련에 했던 활동을 기억하고 이전보다 더 꼼꼼하게 읽거나 손가락으로 글자를 짚어가며 읽을 것이다. 낯선 낱말을 대충 넘겼다면 다시 읽어볼 것이다. 처음 본 낱말이 궁금해 질문이 늘어날 것이다. 아이가 자신의 호기심으로 자기 주도적인 독서를 해나갈 수 있도록 기회를 주는 것이 바로 '내버려두기'다. 이때가 기회라고 덜컥 나서서 교훈을 늘어놓지 말길 간곡히 부탁한다. 부모 주도의 지식전달보다 아이 스스로 생각하고 질문하며 답을 찾아가는 과정이 성장에는 더 낫다. 당장 습득하는 데 시간이 걸려도 나중에 시너지가 붙으면 스스로 찾아가는 속도가 더 빠르다. 그러니 읽기훈련은 단호하게 진행하되 그 외 시간은 아이에게 맡겨 보자. 성장의 속도가 느려지지 않을 것이다.

만약 정확한 내용파악이나 배경지식 넓히기를 원한다면 아이의 자유독서는 그대로 두고 부모가 책 읽어주기를 추가해보자. 부모의 읽어주기는 유아기 청각언어 자극 이상의 문자인식을 키워준다.

재미가 지속할 힘

취향과 취미가 인정받는 시대가 되었다. 일명 '덕질'을 한다고 말한다. 덕후란 일본어 오타쿠를 한국식으로 발음한 '오덕후'의 줄임말로, 요즘은 어떤 분야에 몰두해 전문가 이상의 열정과 흥미를 가지고 있는 사람이라는 긍정적인 의미로 사용된다. 아이나 어른이나 자신이 좋아하는 분야가 있다면 주변에서 말려도 포기하지 않는다. 나이와 상관없이 놀이처럼 취미 활동에 몰두하는 인구가 늘고 있다. 놀이는 재미를 기초하기 때문에 자발적 동기로 유지된다. 즉, 재미있으면 알아서 하게 된다. 읽기독립을 위한 훈련을 끝까지 지속하려면 재미라는 요소가 있어야 한다.

목표지향적인 아이는 스티커를 붙이고 훈련 과정을 시각화하면 좋다. 단계별 성취에 대한 보상을 정하고 상을 준다. 사교적이고 나서길 좋아하는 아이는 선생님 놀이하듯 진행을 맡기거나 읽기 과정을 녹음하고 영상을 녹화하면서 주인공처럼 세워준다. 안정적인 아이는 규칙대로 성실하게 진행하면서 훈련후 간식을 제공하면 별 탈 없이 끝까지 갈 수 있다. 가끔 힘든속내를 물어봐 주면 좋다. 신중하고 매사에 느린 아이는 훈련의 목적과 가치, 왜 하는지를 알려주며 의미있는 시간임을 누차 알려준다. 그리고 복잡한 불규칙 이론이나 어법 등을 꼼꼼히 설명해주면 더 진지하게 훈련에 임할 것이다. 다중지능이론이 많이 알려져 있다. 아이의 재능과 연관하여 8대 영역에 맞는다양한 활동으로 읽기능력을 증진하는 것도 흥미 유지에 도움이 된다.

처음 훈련을 시작하면 '틀리지 않고 잘 읽는 것'만으로 칭찬받아 마땅하다. 저마다 기질과 취향이 있으니 아이가 눈을 반짝거리는 반응에 따라 재미요소를 조금씩 가감한다. 소소하게설정한 규칙성에도 재미를 느껴 시간 채우기와 늘리기, 타이머다양하게 활용, 훈련 기간을 달력에 표시하기, 스스로 점수 매기기 등 창의적으로 시도하길 바란다.

최승필 작가는 〈공부머리 독서법〉에서 이야기 자체가 재미있기 때문에 초보 독서가인 아이들에게는 순수 이야기책을 더 권한다고 말한다. 아이들을 독서가로 만드는 데 이야기책의 재미만큼 강렬한 무기는 없다. 서사는 사람의 뇌에 도파민을 분출시킨다. 이어질 이야기를 상상하며 예측이 적중하거나 이탈할 때 짜릿함을 느낀다. 적중해도 좋고 틀릴 때는 반전으로 쾌감을 느끼는 것이다. 아이들도 이야기의 재미를 안다.

읽기훈련을 위한 책은 아이들에게 인기가 있는 재미있는 책으로 선정해야 한다. 학습을 목표한 학습동화는 훈련에는 적합하지 않다. 다른 목적 없이 순수 서사(이야기)로 채워진 글을 선택해보자. 수학동화나 과학동화는 개념이 쉽게 설명되었지만 스토리는 억지스러워 아이들이 재미를 느끼기 어렵다. 쉽고 재미있는 순수 이야기책을 오탈자 없이 읽으면 자연스레 재미를 느낀다. 그것이 책의 즐거움을 발견하는 가장 빠른 방법이다. 아이는 틀리지 않고 읽는 자신에게 대견함을 느낀다. 게다가 제대로 읽으니 이야기의 재미를 경험하면서 끝까지 훈련을 지속할 수 있게 된다. 재미있는 책을 한 권 읽고 만족감을 느끼면 동일한 작가의 책이나 비슷한 주제의 책을 구해준다.

읽기훈련과 자유로운 일상 독서로 이야기의 재미를 경험하면서 아이는 읽기 행위를 좋아하게 된다. 아이가 읽기독립을 훈련하면서 결국 책을 좋아하는 상태가 된다. 재미있는 이야기의 힘 덕분이다. 훈련을 통해 얻은 읽기 자동화 능력으로 글자가 많아도 친숙함을 느끼고 내용이해도 어렵지 않다. 이런 과정을 겪은 아이는 여가시간에 책을 꺼내게 된다. 이것이 읽기독립 최고의 시나리오다. 재미는 몰입을 불러온다. 재미라는 힘이 아이를 이끌면 부모들이 그토록 바라는 '스스로 읽는 아이'로 바뀌게 된다. 아이를 옥박지르는 행동, 잘 읽으니 더 읽으라고 권하는 행동, 체벌로서의 읽기훈련 같은 일이 반복되면 재미는 사라진다. 부모는 읽기훈련 시 재미의 요소를 어떻게 가감할지 연구해야 한다.

읽기독립을 위한 주의사항

아이가 눈치 보지 않게

한글을 뗀 아이라도 책 읽기가 숙달되려면 오래 걸린다. 처음에는 실수가 잦은 게 정상이다. 한두 번 실수는 괜찮은데 계속 실수가 반복되면 엄마의 표정이 일그러진다. '괜찮아, 다시 해봐'라는 말이 사뭇 살벌하게 느껴지면 아이는 눈치를 보게 된다. 긴장하면 안 하던 실수도 할 수밖에 없다. 눈치껏 읽기훈련을 했을지라도 내일 훈련이 달갑지 않게 된다. 피하고 싶으니 배가 아프고 머리가 지끈거린다. 핑계가 통할 리 없는데도 다음 날 아침부터 징징거린다. 아이가 훈련시간을 피하기 위해 화를 내거나 투정을 부린다면 이유를 찾아야 한다. 줄곧 부모 태도의 중요성을 강조해왔다. 부담스러운 말이지만 어쩔 수 없다.

아이를 물가로 데려가도 입을 열지 않으면 물을 먹일 수 없다. 아이가 하려고 해야 읽기훈련도 가능하다. 부모들이 아이의 읽기독립에 무관심하고 방치한 결과로 아이들 읽기가 부진한 것일까? 그렇지 않다. 많은 부모들은 우직하게 아이를 중심으로 살아간다. 독서든 학습이든 진일보하길 바란다. 그 마음 때문에 때론 언성을 높이고 으름장을 놓는다. 혼내고 다시 후회하기를 반복한다.

읽기훈련 중이던 슬아(초3)는 부모의 표정과 말투에 뭐가 걸렸는지 입을 닫았다. 부모는 여러 차례 시도하고 아이를 달랬지만 그동안 쌓인 것이 한꺼번에 드러났는지 묵묵부답이다. 눈물만 글썽거린다. 아이들의 거부를 종잡을 수 없다. 일상에 지친 부모도 아이를 어떻게 이끌어야 할지 진이 빠진다. 아이를 지도한다고 사용하는 방법이 과연 알맞은지 확신할 수 없다. 거대한 교육이라는 강물의 물살이 거세기만 하다. 경쟁적인 분위기에 아이의 부족만 눈에 띈다. 부모 스스로 알아차리지 못할 뿐 아이들은 다 느낀다. 부모의 기분과 불안과 불만, 부정적인 감정은 전염되는 특징이 있다. 훈련할 때마다 나쁜 기억이 반복되어서 아예 훈련에 응하지 않을 수 있다.

본격 독서를 하기 전 읽기독립을 거치면서 아이들은 읽기추구(읽는 행위를 잘하고 좋아한다), 읽기거부(읽기를 하지 않으려고

밀어낸다)나 읽기부진(읽는 능력이 부족하고 읽어도 이해를 못 한다)
읽기지연(읽기훈련에도 변화가 없이 정체된 상태)의 양상을 보인
다. 높은 기대감을 보이면 아이는 부담을 느낄 수 밖에 없다. 부
모의 높은 기대치에 숨막히는 아이는 눈치를 본다. 부모를 기
쁘게 만들기엔 실력이 부족하기만 하다.

아이의 읽기는 좋은 감정에서 출발해야 한다. 교육방송 실험
결과, 초등학생 두 그룹에게 부정적인 경험과 긍정적인 경험을
적은 후 시험을 쳤을 때 후자의 평균점수가 더 높게 나왔다. 작
은 차이가 수학 평균점수의 격차를 만들어냈다. *사람은 긍정적
인 감정일 때 활동을 효과적으로 수행할 수 있다.* 윽박지르는
소리를 들은 후 읽는 책이 기억에 남을까? 읽기 훈련에도 도움
되지 않는다. 읽기는 감정과 연결되어 있다.

하루는 필자에게 혼이 난 아이가 시험공부를 했다. 시간도
더 걸리고 암기내용도 잘 기억나지 않았다. 책을 펼쳐 공부한
시간에 비해 효율성이 떨어졌다. 어떤 날은 무슨 이유인지 스
스로 하겠다 결심하더니 더 짧은 시간에 보다 높은 성취도를
보였다. 부모의 감시, 비난의 말투, 틀리면 일그러지는 인상을
아이는 금세 파악한다. 아이가 눈치 보지 않고 긍정 감정으로
훈련에 임하도록 포커페이스를 유지하는 것이 부모 실력이라

고 하겠다.

어제보다 오늘이 나아졌다면 아이의 성취와 노력에 충분한 인정을 해주어야 한다. 그런 반응을 아이들은 내심 기다리고 있을지도 모른다. 아이가 실수를 많이 하는 날에도 칭찬을 해주자. 칭찬할 것을 발견하기 어렵더라도 시도해야 한다. 발음이 나아진 것, 틀린 글자를 스스로 되짚어 보는 것처럼 칭찬할 거리를 만들어 피드백하면 아이도 신이 난다.

텍스트는 아이가 선택하도록

아이가 읽기훈련으로 사용할 책은 쉽고 익숙한 것으로 고른다. 읽기에 만만한 글이어야 한다. 새로운 어휘가 많은 것보다 일상용어나 아는 낱말로 가득한 게 좋다. 아이들은 시각적 요소로 책에 대한 거부와 흥미를 가려낸다. 표지가 너무 예스러우면 안된다. 오래된 책은 내지에 글씨체부터 고전적이다. 줄간격과 자간이 시원시원해야 하고 글자 크기가 커야 한다. 빽빽한 글씨에 어른도 숨이 막히는데 아이들은 오죽할까. 그림이 감각적이거나 예쁘거나 세련되어야 한다. 20년 전 느낌의 그림이라면 아이들이 책을 덮어버린다. 내용도 쉬워야 한다. 아무리 쉽게 고치고 줄였다 해도 주제 자체가 어린이에 어울리지 않거나 어렵다면 권하지 않는다. 고전을 어린이 눈높이로 낮추어 축약한 책이 많다. '1학년이 읽어야 할~ '이라는 제목의 책은 많은 이야기를 한 권으로 압축했다. 글 하나가 짧아 서사의 재미를 맛보기 어렵다. 그림이 많되 내용이 시시하지 않아야 하고 구성이 흥미진진해야 한다. 전래동화는 한국사를 이해하는 바탕이 될 수 있는 서사이지만, 옛 문화가 다양하게 등장하기 때문에 배경지식이 부족한 아이들에게는 모르는 낱말로 가득해서 어렵다. 초등학교 입학 전에 읽던 유아책을 활용해도 된다. 추억소환과 읽기연습, 두 마리 토끼를 잡을 수 있다. 한글교재, 쓰기교재, 독해교재, 학습지, 종합문제집 등 뭐든 활용해도 된다.

주도적인 아이는 스스로 고르게 하고, 선택에 시간이 오래 걸리는 아이는 몇 권을 제시하여 그중에 선택하게 한다. 아이가 주도적으로 선택하면 끝까지 읽을 확률이 높다. 읽기독립의 1단계는 음독연습인데 내용파악을 뒤로하고 유창하게 소리 내서 읽기를 목표한다. 만약 자주 접한 책이라면 어렴풋하게 아는 내용과 소리를 연결하며 읽을 수 있다. 쉽고 만만해도 모르는 글자가 나오기 마련이다. 책에서 발견하는 낯선 낱말을 아이들은 주의해서 보지 않는다. 낯선 어휘를 익혀야 하는데 아이들은 자신이 모른다는 사실을 인지하지 못한다. 그래서 대충 읽어버린다. 아이가 너무 쉬운 책만 고르는 것 같아도 괜찮다. 쉬운 책을 반복해서 읽으면 서서히 다른 책이 궁금해진다. 너무 오래 머물 때 부모가 인상적인 표지의 다른 책을 며칠 보여주며 시선을 끌고 결국 선택하도록 한다.

아이들도 어른들처럼 스스로 생각하고 선택하기를 즐긴다. 시큰둥하다가도 선택할 기회를 주면 벌떡 일어난다. 서점에서 자신이 선택한 책으로 읽기훈련을 하면 적극성을 발휘한다. 오프라인 서점 방문이 어렵다면 온라인서점 쇼핑으로 책을 살펴보는 것도 독서가로 이끄는 방법이 될 것이다. 온라인서점에서 선택한 책의 목차를 살펴보고 함께 읽는 행위는 책 읽기와는 다른 경험을 제공한다. 다양한 문자 텍스트를 아이와 읽는 것은 일상에서 문자의 가치를 발견하게 한다. 아이들은 온라인에서 정보를 읽는 행위로도 배운다. 온라인 매체를 활용할 때 아이에게 검색의 주도권을 주는 것은 종이라는 물성의 책을 아이의 주도로 선택하는 즐거움과 비슷한 효과를 기대할 수 있다. 문자활용능력이 세상과 연결하는 통로임을 알면 아이의 읽기에 탄력이 붙는다. 읽기훈련을 위해 종이책에 머물지 않아도 된다. 앞에서 제시한 다양한 매체를 활용하면 일상에 깃든 활자에 담긴 지식과 정보를 아이가 마음껏 누릴 수 있을 것이다.

부모의 과욕은 금지

은서(초4)는 조용하고 순한 아이였다. 시키면 말없이 해냈다. 아이가 잘 따라오니 부모는 더 잘하길 바라는 마음에 분량을 조금씩 늘렸다. 군말 없이 잘하던 은서는 결석이 잦아졌다. 조용한 아이들은 말없이 잘 따르기 때문에 곧잘 오해를 받는다. 학습이든 훈련이든 잘해 보여도 잘하는 게 아닐 수 있다. 은서를 다시 만날 때부터 처음보다 더 적은 분량의 과제를 주면서 차근차근 훈련을 다시 했다. 아이들이 아주 잘하고 있어도 속마음은 보는 것과 다를 수 있다. 섣불리 진도를 빼거나 과제를 추가하면 안 된다.

가끔 아이들을 위해 분량을 파격적으로 줄여준다. 목표를 이루면 시간이 남아도 자유를 준다. 아이들은 빨리 마치는 그날을 위해 다른 날, 더 열심히 하기 시작했다. '최선을 다하면 하루는 빨리 마친다'는 약속에 아이들은 흥미를 느꼈다. 이처럼 '분량 줄이기'는 약속에 철저해야 한다. 확실하게 자유를 누리게 해야 더 열심히 한다. 아이들은 한두 번 약속을 어기면 이후 아무리 굳게 약속해도 의욕을 발휘하지 않는다. 불신이 생기는 것이다.

가정에서도 아이들이 훈련을 잘 따르고 읽기독립의 진보가 눈에 띄면 보상을 하거나 여행을 기획해보자. 아이의 발전이 눈에 띄면 휴식을 주거나 자유시간을 허락하는 게 훈련량을 늘리는 것보다 효과적이다. 쇠뿔도 단김에 뺀다는 말은 학습에는 어울리지 않는다. 아무리 우수한 능력을 가진 학생이라도 과제가 늘거나 10분이라도 수업을 더 하는 걸 달가워하지 않는다. 집중을 잘할 때 게임을 하거나 쉬는 시간을 준다고 하면 그날 몰입력은 최고조에 이른다. 읽기훈련의 양을 늘리더라도 아이와 의논해서 결정한다.

또 하나, 아이들의 얼굴을 밝게 만드는 방법이 있다. 아이가 목표한 양을 다 채우지 못하고 정한 시간이 다 될 때, 분량을 채우기보다 마감을 선언해준다. 처음에는 아이들이 그것을 즐기지만 조금씩 이야기의 재미에 빠지면 "더 읽을래!"라고 외치게 된다. 그럴 때 선심을 쓰는 듯 5분만 더하겠다고 시간을 늘려준다. 그러면서 서서히 아이 혼자 읽는 시간이 늘어나고 읽기 지구력이 튼튼해진다. 가끔 읽기훈련을 하면서 힘들어 하는 아이가 최소한의 기준을 채울 때, 연습에 최선일 때, 힘들어서 축축 처질 때 '그만'을 외쳐주자.

지쳐있거나 따분한 아이를 깨우는 말이 있다.
"오늘은 3분 줄여줄게."

훈련 초기에 부모가 함께

아이에게 1, 2, 3단계 과정을 맡기면 서서히 수준 낮은 음독을 하게 된다. 숨도 안 쉬고 총 쏘듯 소릿값을 대충 읽어버린다. 그렇게라도 소리를 내면 좋은데 아이들은 음독보다 눈으로 읽는 속도가 빨라져 어느새 묵독을 하게 된다. 3단계라면 묵독과 음독을 섞어 훈련을 지속하겠지만 1, 2단계일 때는 부모가 곁에서 훈련 전반을 살펴야 한다. 음독을 해야 자신의 실수를 발견하며 내용이해도 좋아진다. 곁에 부모가 있어야 한다. 묵독하도록 그냥 두면 올바르게 읽는지 확인할 수 없고 속도만 빨라져 생각하며 읽지 않게 된다.

영현이(초2)는 책을 빨리 훑어 읽는 아이다. 그림과 눈에 띄는 쉬운 낱말 중심으로 띄엄띄엄 읽는다. 책장을 앞뒤로 순서 없이 넘기다가 책장을 덮고 "다 읽었어요"라고 말했다. 책을 '읽은 것'이 아니라 '구경'한 것이다. 잘못 읽고 있다는 생각조차 못 하는 표정이었다. 내용을 물으니 줄거리를 대략 꿰고 있었다. 꼼꼼히 읽어야 답할 수 있는 질문에는 머뭇거렸다. 아이들에게 자주 발견되는 모습이다. 아직 낱자를 하나하나 읽어야 할 수준의 아이가 눈에 익은 아는 낱말만 훑고 낯선 어휘는 그냥 지나치는 습관으로 읽어버린다.

읽기훈련의 시기에 음독은 필수다. 소리를 내서 읽으면 속도가 빨라지는 나쁜 습관을 막을 수 있다. 검지로 밑줄을 그으며 읽으면 급하게 읽을 수 없다. 부모도 아이가 음독하는 것을 들으며 현재 상태를 파악하고 부족한 부분을 발견할 수 있다. 자주 틀리는 글자를 기억하고 가끔 설명을 보탤 수 있다. 독서 전문가인 메리언 울프는 음독이 초보 독서가인 아이들에게 필수 코스처럼 중요하다고 말한다. 읽기독립 시기 아이들을 관찰하면 음독으로 읽지 않고 섣부르게 묵독으로 넘어간다. 그럴 경우 자기 스스로 읽는 수준을 점검하지 못하고 지도해야 할 어른들도 아이의 수준을 판단하기 어렵다. 고영성 작가는 〈낭독혁명〉에서 독서 전문가 아이린 파운타스의 말을 인용한다. 큰

소리로 읽을 때 아이들의 습관적 실수나 사용하는 전략을 주변 어른들이 듣고 파악할 수 있다는 것이다. 필자가 말하고 싶은 바도 이와 같다. 소리 내서 책을 읽는 기회가 흔하지 않다. 듣는 것이 흔한 시대에 자기 목소리로 읽는 것은 훌륭한 일이다.

디지털 환경에 자주 노출된 요즘 아이들은 듣는 것이 익숙하다. 완벽한 나레이션을 들으며 자신도 읽을 수 있다고 생각한다. 그런데 정반대다. 음독을 힘들어하는 아이가 늘고 있다. 가정에서 아이와 소리 내서 합독하거나 번갈아 음독하면 아이는 귀로 소리를 듣는다. 뇌는 두 배의 자극을 받는다. 아이가 귀찮아하더라도 손가락으로 밑줄 긋기를 '읽기 자동화'가 될 때까지 유지하게끔 지도하자.

묵독하던 아이에게 다음 문장을 읽혀보았다. '우리 몸에는 멜라닌이라는 색소가 있어요.' 그런데 아이는 "우리 몸에 멜라인 색소는…색소가 있어요."라고 읽었다. 조사를 빼거나 바꾸어 읽는다. 아이에게는 멜라닌도 색소도 낯설다. 낯선 어휘야 대충 넘길 수 있지만 '~은, ~는, ~이, ~가, ~에, ~에서, ~으로, ~을'과 같은 조사를 생략하는 것은 나쁜 읽기습관이다. 잘 못 읽는데도 눈은 다음 줄에 가 있다. 음독으로 자신의 읽기오류를 느끼면서도 정확하게 고쳐 읽지 못할 만큼의 나쁜 습관은 강하게 아이들의 발목을 잡는다. 음독으로 속도를 늦추고 오류를 스스로 수정하여 읽는 버릇을 하면 좋은 읽기 습관이 쌓인다. 오류가 줄어야 다음 읽기단계로 나아갈 수 있다. 조사는 문장의 뜻을 정확하게 만드는 중요한 품사다. 아이들은 눈에 익숙한 낱말은 잘 읽지만, 조사를 많이 빠트린다. 조사의 역할을 아이들에게 설명해주면 오류를 줄일 수 있다. '몸은'과 '몸에'와 '몸을'로 바꾸면 문장의 뜻도 달라진다. 조사를 빠트리면 문장의 흐름을 잃게 된다. 문장에서 조사를 찾아 동그라미로 표시하면 제대로 읽을 수 있을 것이다.

〈책 읽는 뇌〉의 저자인 매리언 울프 박사는 아이들의 독서와 난독증 분야로 저명하다. 그녀는 아이들이 책을 읽을 때 동공의 변화와 멈춤을 관찰했다. 속독하는 아이들은 한 문장에서 몇 군데 동공이 멈추는 현상을 찾아냈다. 멈춤 없이 줄을 따라가며 읽어야 하는데 군데군데 특정 낱말만 읽는다는 사실을 밝혔다. 속독하는 아이들은 익숙한 낱말에 시선을 멈추고 낯선 말은 넘겨버린다는 사실이 확인된 것이다. 필자는 이런 읽기를 '키워드 중심 읽기'라고 이름 지었다. 빠르게 읽는 아이들을 방치하면 키워드 중심으로 대략의 내용만 읽고 책 한 권 읽었다고 생각한다. 줄거리를 파악하니 괜찮다고 여기는 건 잘못된 생각이다. 고학년들 중 보여주기식 독서를 할 때 많이 하는 읽기습관이다. 사실적 내용을 꼼꼼히 파악하는 것이 제대로 읽기라는 생각을 해야 키워드 중심 읽기를 고칠 수 있다. 건성으로 키워드 중심 읽기를 하면 내용파악 부진의 표면적 문제뿐 아니라 더 중요한 문제를 겪게 된다. 이야기의 고유한 흡입력, 읽는 즐거움을 전혀 경험하지 못한다는 사실이다. 결론적으로 책을 싫어하는 아이를 만드는 길이다.

그림책을 주로 읽는 저학년 시기라면 건성으로 읽는 습관은 크게 드러나지 않는다. 그런데 글책을 읽으면 단번에 나쁜 습관이 드러난다. 글책을 읽을 때 내용이해가 안 되면 자신의 습관을 고치고 꼼꼼히 다시 읽을 것 같지만 아이들은 책이 길고 재미가 없거나 어렵다고 탓한다. 자세히 읽기, 천천히 읽기가 중요하다. 키워드로 대충 넘겨 읽지 않도록 저학년부터 훈련해야 한다. 읽기독립 1, 2, 3단계를 천천히 진행하면 시간이 걸려도 장기적으로는 좋은 습관을 들이는 기회가 된다.

고학년이 되기 전 부모가 함께 훈련에 임해야 한다. 나쁜 읽기습관에 길들면 쉽게 고치기 어렵다. 습관으로 고착되기 전에 정확하게 읽도록, 건너뛰며 읽지 않도록 옆에서 브레이크를 걸어야 한다. 학원 픽업이나 외국어 교육, 수학올림피아드 준비처럼 중요한 일이다. 초기 읽기훈련 시 부모가 시범을 보여주거나 함께 읽기, 활동지 읽기를 할 때 곁에서 낱자를 지목하고 읽기능력을 관찰해야 한다. 아이 혼자 훈련을 지속하기는 어렵다. 읽기독립은 함께 지속해야 할 훈련과정이다. 하루 10분~20분 정도 뉴스 시청하기, 집안일에 집중하는 것보다 아이의 읽기능력을 갖추는 것이 더 중요하다.

아이의 개별적 수준과
속도에 맞춰요

읽기독립을 꾸준히 하면서 단계를 밟는 아이는 문장과 단락 읽기가 자연스러워진다. 불규칙 낱말에 걸려 넘어질 때가 많기 때문에 확인을 위해서라도 음독을 유지해야 한다. 성급하게 묵독으로 넘어가면 불규칙 낱말이나 낯선 어휘를 제대로 읽는지 확인할 수 없다. 속으로 읽기 때문에 실수를 그냥 지나치게 된다. 손가락으로 짚으며 음독을 계속 유지해야 한다. 어느 정도 읽을 줄 안다고 그냥 두면 나쁜 습관으로 돌아간다.

읽기훈련의 과정을 다음과 같이 나누었다.

- **준비 단계**
- **1단계** | 규칙 낱자 읽기
- **2단계** | 불규칙 낱말 읽기
- **3단계** | 의미읽기

아이마다 발달정도와 읽기수준이 달라 각 단계가 정확하게 일치하지 않을 수 있다. 가정에서 아이들의 읽기독립을 훈련시킬 때 위 과정과 연결해보고 아이의 수준에 맞는 단계와 훈련 내용을 발췌해서 적용하길 바란다. 기계적으로 단계별 훈련 내용을 그대로 밟지 않아도 된다.

읽기독립에 걸리는 시간은 아이들 개별 특성과 능력치, 배경 지식의 양에 따라 다르다. 빠르면 한두 달(한글을 일찍 뗐고 읽기 훈련을 이미 하고 있는 경우), 보통은 6개월에서 1년 이상 걸린다. 이미 읽기독립 상태가 된 아이에게 거꾸로 돌아가 음독을 억지로 시킬 필요는 없다. 이탈, 대치, 생략 등 음독에 실수가 있는지 확인 차원에 몇 번 읽히는 것은 무방하다. 제대로 음독하고 2단계 어려운 낱말의 음운규칙도 빠르게 적응한다면 3단계의 어휘력과 관습적 표현을 익히도록 한다. 잘 읽는 아이의 경우 음독이 실수 없이 빨라지면 자연스럽게 묵독으로 넘어갈 수 있다.

아이가 오랫동안 음독을 하며 읽기독립이 늦어진다고 뒤처질 걱정을 하지 않길 바란다. 또래보다 독서량이 떨어질까 염려할 필요도 없다. 이렇게 의식적인 훈련으로 꼼꼼히 점검하지 않으면 저학년에 잘 읽다가 고학년에 읽기 거부나 심한 건성 읽기로 진행될 수 있다. 천천히 느리더라도 한 걸음씩 가는 게 더 빠른 길이다. 읽기독립 단계와 기간에 집중하지 말고 아이가 책을 좋아하고 읽기 자신감을 쌓는 데 주목하자. 정확하게 읽으면서 질적인 독서를 하도록 습관을 세우는 게 더 중요하다. 결국 느린 읽기독립이 나쁘지 않다. 오히려 돌아가도 튼튼한 체력을 기르는 중이라고 믿어야 한다.

읽기독립을 위한 주의사항

잘 읽어도 맡기지 않기

읽기가 이전보다 나아지고 실수도 줄면 아이가 혼자 알아서 하겠다고 말하는 순간이 온다. 그때 방심하면 안 된다. 아이가 조금 성장한 것 같을 때 자율성에 맡기면 언제 그랬냐는 듯 처음 습관으로 돌아갈 수 있다. 규칙 낱자 읽기가 자동화되고 띄어읽기도 잘하며 초등 저학년 어휘에도 익숙해질 때 아이는 말한다. '불규칙 낱말의 소리가 어렵다'는 것이다. 1〉 단계인 규칙 낱자 읽기를 제대로 훈련했다는 방증이다. 문자해독이 자동화되면 기초 글자를 읽는 데 에너지가 들지 않는다. 그때 내용에 관심이 생기는 것이다. 반복하는 불규칙 낱말에 대한 궁금증이 커진다. 성급한 단계 이동과 함께 음독에서 묵독으로 넘어가게 두지 말자. 2단계까지는 계속 음독 연습을 짧게라도 해야 한다.

"읽고 있어라."라며 아이에게 맡기고 집안일을 하거나 잠시 외출하면 아이에게 훈련의 '가치'가 없음을 몸으로 말한 것이다. 부모가 우선순위에 두지 않는 과업은 아이도 중요하게 여기지 않는다. 부모가 주춤하면 아이는 주저앉는다. 아이의 읽기가 1, 2단계를 지나 유창해지면 어느새 마음속에 '혼자 알아서 할 수 있지 않을까?'라는 생각이 올라온다. 아이도 부모의 그런 마음을 눈치챈다.

아직 넘어야 할 산이나 하나 더 있다. 불규칙한 읽기가 숙달된 후 어휘력 향상으로 의미를 파악하는 지점이다. 3단계에 해당한다. 아이가 글을 술술 읽다가도 틀리면 스스로 고쳐 읽어보게 해야 한다. 하지만 틀릴 때마다 부모가 사사건건 지적하지 않는다. 스스로 고쳐 읽을 힘이 있다.

2, 3단계가 되면 아이의 개인적 성향이나 취향을 고려해 훈련내용과 방법을 조정할 수 있다. 자동화는 되고 있으니, 어휘력 향상과 정확하게 빨리 읽기습관의 안착을 목표해도 되겠다. 스케줄이 많아지면 읽는 시간, 장소, 요일을 상황에 따라 함께 의논하고 책임감을 부여한다. 텍스트도 그림 중심에서 서서히

글책으로 넘어간다. 문자 친숙도가 낮은 아이는 갑자기 글밥이 많은 책으로 건너뛰면 안 된다. 그림책 중 글자가 많은 책이나 얇은 줄글책으로 진행한다. 분량이 두꺼운 줄글책이라면 하루에 읽을 책의 분량을 나누어 부담을 줄여준다. 아이가 잘 읽는다 해도 훈련 텍스트를 온통 줄글책으로 정하는 건 좋지 않다. 그림책에서 글책 중간 정도로 고른다. 이때 아이의 의사가 중요하다. 두께에 거부감을 호소하면 글책을 강요할 필요는 없다. 오히려 지금까지 훈련에 사용한 교재를 잘 활용하면 된다. 그림책은 쉬워 보이지만 낯선 어휘가 생각보다 많다. 쉬워 보여 부담이 없을 뿐 본격적으로 어휘력을 늘리는 데 쓰려면 낯설었던 낱말의 의미를 익히고 사용해야 하니 결국은 새로운 훈련을 받는 것이나 다름없다.

1, 2단계의 목표는 오탈자 없이 자연스럽게 읽기에 있다. 이미 유창하다면 온라인에서 동화구연 영상을 보여주고 실감 나게 읽는 법을 연습시켜도 된다. 자신이 읽는 모습을 동영상으로 남기거나 지인에게 보내는 건 어떨까? 아이들의 흥미를 불러일으키기에 아주 좋은 활동이다. 학교에서 읽거나 발표할 때에도 많은 도움이 될 것이니 활용하면 좋겠다.

끝까지 다정하기

앞에서 수차례 강조했던 이야기는 부모의 태도다. 친절함을 유지하고 다정하게 다가가야 한다. 읽기의 기능을 익히게 하려고 아이와 씨름하다가 관계가 악화되서는 안 된다. 부모의 애정 어린 말도 아이들에게는 잔소리가 된다. 아이들의 자율성을 어디까지 믿고 허용해야 할지 걱정이 많을 것이다. 믿어보니까 아이가 느슨해지는 것 같고 엄하게 말하면 고집부리며 따라오지 않는 것 같고, 이래저래 답답한 게 부모 마음이다. 아이를 키우는 일은 매일 어려운 한계에 돌아앉아 울음을 삼키는 일 아닐까.

한글떼기도 쉽지 않은 과정이지만, 아이의 사회생활에서 핵심 기술인 읽기능력을 훈련할 때 엄마의 의욕은 앞선다. 중요성을 말해도 한쪽 귀로 흘리는 아이가 야속하다. 언성을 높였다가 간식으로 달래고 분노의 샘이 터져 울분을 터뜨리다가 아이를 끌어안고 후회한다. 거창한 대회나 일등을 노리는 것도 아닌데, 그저 기본적인 읽기와 쓰기의 부족을 채워주려는 것뿐인데 아이에게 그 마음이 전달될 리 없다.

읽기를 놓치면 아이 인생이 망한다는 불안을 조금만 덜어내자. 그러면 마음에 평안함이 찾아온다. 각종 육아서, 교육지침서, 실용서를 고를 때 불안을 자극하는 책이라면 읽은 후 더 힘들다. 현실과 이상의 간극을 자극하되 불안에 떨게 하는 책은 덮어두는 게 좋다. 용기를 주는 책을 읽으며 불안을 극복해야 내 아이를 제대로 볼 수 있다.

다른 아이들보다 뒤쳐져 다급해진 마음으로 아이를 다그친다고 해서 읽기독립이 되는 게 아니다. 다정한 태도를 보인다는 것은 훈련에는 단호하되, 아이가 느리고 실수하는 것에 대해 기다려주는 것이다. 아이의 속도에 맞게 부모가 미리 공부하고 훈련을 함께하는 태도가 읽기독립 과정을 끌고 가는 힘이어야 한다.

PART 6

읽기독립 이후 멈추지 않기

방심하지 말아요

부모에게 읽기독립이란 아기가 첫걸음마를 뗀 소식처럼 기쁘다. 엄마 품에서 떨어져 아이의 두 다리로 세상을 향해 걸어가는 것은 기적과 같다. 읽기독립도 마찬가지다. 아이가 스스로 문자라는 문을 열고 세상으로 첫걸음을 떼니 감격스럽기 그지없다. 첫걸음마의 반경은 그리 넓지 않지만 두 번째 걸음마인 독서는 상상할 수 없을 만큼 넓은 세계다. 책이라는 무한한 세상을 혼자 탐구할 수 있는 존재로 자란 것이다.

아이가 문자를 습득하지 않았을 때는 누군가 읽어주지 않으면 책에 숨은 이야기를 알 길이 없었다. 읽기독립은 아이가 책

속에서 보물을 찾는 기술을 연마한 것이다. 이제부터 그 기술을 사용해 책이라는 세상을 탐색하게 된다. 본격적으로 독서를 시작하는 시기에 아이가 큰 성취를 한 것처럼 그동안 노력해온 습관을 끊으면 안 된다. 이제부터 독해로서의 읽기를 해야 한다. 모르는 어휘를 계속 발견하고 생각할 내용도 많아질 것이다. 주의 깊게 읽어야 겨우 기억할 수 있는 내용도 많다. 생소한 주제나 방대한 배경지식을 요구하는 책을 만나더라도 포기하지 않고 순항해야 한다.

읽기독립은 다 이룬 것이 아닌 이제 시작하는 지점이다. 방심하면 안 된다. 읽기는 의식적 활동이기 때문에 애를 써야 한다. 읽기훈련과 똑같은 패턴을 유지할 필요는 없다. 약속을 바꾸어 새로운 독서루틴을 세워야 한다. 이제 아이가 재미있게 읽을 수 있는 유익하고 수준에 맞는 책을 찾아주어야 한다. 정보가 넘치는 온라인을 활용하면 구체적인 서평이나 후기를 검색할 수 있다. 많이 읽히려 하지 말고 아이가 '재미있다'라고 할 만한 인생책을 찾아야 한다. 아이가 '인생책'을 만나면 읽기독립 이전으로 돌아가려야 돌아갈 수가 없다. 건성으로 속독하기, 생각 없이 글자만 읽기, 숙제처럼 해치우기, 키워드 중심 읽기 등 나쁜 습관으로 다시 돌아가지 않도록 계속 예의주시하자.

맞춤 도서 제공하기

아이의 학년에 맞다고 하는 권장도서를 읽히고 싶은 게 부모 마음이다. 내 아이가 다른 아이들보다 더 뛰어나길 원한다. 그 기준이 바로 평균이라는 개념이다. 평균을 기준으로 그 이상이면 안심하고 그 이하면 불안해하는 학부모의 고질적인 비교심리가 언제나 문제다.

독서에서는 추천도서가 평균이라는 기준이 되기도 한다. 읽기독립 터널을 지난 아이에게 어떤 책을 권하면 독서를 더 잘할 수 있을까. 아이가 초등 1, 2학년이라면 지금까지 읽었던 쉬운 책을 다시 읽어도 된다. 아직 정복하지 못한 수많은 그림책을 읽도록 제공해준다. 초등 3학년만 되어도 그림책을 꺼낼 때 눈치를 보거나 부끄럽게 생각한다. 그림책은 유치원생이나 저학년이 읽는 책이라 규정하지 말자. 깊이가 있고 생각할 거리가 많은 그림책이 많다.

아이에게 맞는 도서란 학년에 맞추는 게 아닌 아이의 수준에 맞춘 것이다. 3학년이라도 책을 많이 읽지 않은 아이는 다양한 영역의 쉬운 책부터 읽어야 한다. 추천도서, 권장도서는 읽기 능력이 낮은 아이부터 최상위까지 포함한 목록이다. 권장도서 목록 가운데 읽기에 부담이 적은 책부터 읽히거나 한 학년 낮은 책을 읽혀도 무방하다. 추천도서는 추천일 뿐이다. 초등 2학년 권장도서에〈 갈매기의 꿈〉이 있고, 초등 4학년 도서목록에 정약용의 〈목민심서〉가 있다. 아이 수준에 맞춰 축약하고 내용을 쉽게 바꾼 이야기가 본래 책의 의도와 정신을 담을 수 있을까? 의도를 담았다고 한들 초등 3학년이 이해할 수 있을까? 아이 수준에 맞지 않는다면 다음으로 양보해야 한다.

아이가 선택하는 책을 기본으로 한다. 아이가 30분 집중할 수 있다면 그에 맞는 분량을 고른다. 그림과 글의 어느 정도 비율이어야 부담을 갖지 않는지 수준을 가늠해야 한다. 아이들의 독서 의욕은 몇 번의 어려운 책으로 금세 꺾이곤 한다. 만만하고 부담이 적은 책부터 읽히는 게 중요하다. 이제 막 읽기독립을 해서 글책을 읽는데 너무 어렵거나 모르는 낱말의 비중이 10단어 중에 2개 이상이라면 재미를 느낄 수 없다.

가끔 점검하기

필자의 큰아이는 스스로 잘하는 아이였다. 딴짓하지 않는다고 믿었다. 어느 날 아이가 "가끔 점검을 해달라, 가끔은 잔소리도 해달라. 그러면 안 되는 거 아는데 허투루 시간을 쓰기도 하고 정신을 딴 데 팔기도 한다."라고 고백했다. 이처럼 자율적인 동기부여로 책을 읽는 아이라도 간혹 상태와 습관을 살펴주지 않으면 건성으로 읽거나 아이의 독서 방향이 어느 한쪽으로만 치우칠 수 있다. 이를 편독이라 한다.

이야기를 좋아하는 아이는 논픽션 같은 상상의 글을 좋아한다. 사실에 근거한 비문학 작품은 재미 없고 지식을 다루기 때문에 술술 읽을 수 없어 꺼린다. 취향대로 두면 아이의 독서리스트는 엄마 생각과 다른 곳을 향하게 된다. 엄청난 속도로 소설을 읽지만, 정확한 내용파악이 부족하고 대략적 줄거리에 만족하는 독서를 하거나 스마트폰으로 웹소설에 과하게 몰입할 수 있다. 다독가 중 역사물이나 과학상식, 철학과 심리에 대한 지식책은 도무지 진도가 안 나가는 아이들도 많다. 반대로 지식정보 영역의 독서는 많이 하지만 문학류를 거부하는 아이들도 있다. 입시만 생각하지 않는다면 한쪽으로 몰입하는 편독도 괜찮을 수 있다. 그런데 결국 편독은 다양한 텍스트를 읽는 고른 읽기능력과 풍부한 어휘력을 제공하지 못할 수 있다.

아이가 어떤 책을 주로 읽는지, 어떤 속도로 읽는지, 내용은 얼마나 파악하는지 살펴봐야 한다. 글책의 분량이 제법 되기 때문에 점검하려면 부모가 먼저 책을 정독해야 한다. 그래야 아이들과 대화를 나누며 정확히 읽는지 확인할 수 있다. 아이들은 부모가 내용을 파악하지 못하고 질문하면 금세 눈치챈다. 대충 대답해도 넘어갈 수 있으니 긴장하지 않는다.

아이들의 편중된 독서를 존중하되 가끔 아이가 좋아하지 않는 영역의 책을 권하고 읽는 훈련을 병행해야 한다. 지식정보성 도서는 내용을 정확하게 파악하는 게 중요하다. 그래서 읽는 데 에너지 소모가 많다. 하루에 한 챕터를 읽고 내용을 짧게 메모하여 며칠 읽게 한다. 읽으면서 몰랐던 지식을 알게 될 때 아이들은 쾌감을 느낀다. 앎의 기쁨이다. 그 과정이 지속되면 '어려운 책'이라고만 여기던 영역의 책도 조금씩 도전하게 된다. 고학년으로 올라가는 아이들에게 꼭 활용해보길 바란다.

단, 지식정보를 만화로 담은 책은 주의해야 한다. 지식정보 영역의 글책을 싫어하는 아이에게 학습만화로 지식을 담은 책을 주면 그것에만 몰두해서 글책으로는 넘어가기 어려워진다. 만화를 읽고 대략적 내용에 흥미를 느껴 글책으로 넘어가는 사례도 있지만, 필자의 경험으로는 많지 않았다. 만화로 읽었다면 글책으로 보완하게 만든다. 지식책에 흥미를 못 느끼는 아이들이 대부분이지만 아이가 좋아하는 분야라면 재미를 발견하게 된다.

잘 읽는 아이, 학습으로 이어주기

아이가 두꺼운 책을 곧잘 읽으면 부모는 언어영역에 좋은 점수를 희망한다. 그리고 책의 분량과 속도를 따라갈 수 없어 관여를 덜 하게 된다. 하지만 책을 잘 읽는 아이들 가운데 독서의 문제점을 보이기도 한다.

책을 좋아하고 다독하는 아이라도 건성으로 읽는다면 효율적 독서라고 할 수 없다. 성적을 위해 읽는 것은 아니지만 성적에도 좋은 영향을 미치는 독서방법은 정독이다. 새롭게 알게 된 것을 필사로 남기기까지 하면 더할 나위 없이 유익하다. 책을 잘 읽는 아이들 가운데 유독 평가에 약하고 실수가 많은 아이들이 있다. 문제 풀 때 실수가 잦고 끝까지 읽지 않고 오답을 고른다. 건성으로 읽고 자신감이 넘쳐서 그렇다. 꼼꼼히 읽기가 중요하다고 생각하지 않는다. 실수가 잦으면 습관이 되어 아이는 자존감이 떨어진다. 실수 잘하는 아이라고 스스로 생각하거나, 읽어도 내용이 잘 생각이 안 나 발표를 꺼리는 등 자신감을 잃게 된다. 중학생이 되고 학습량이 많아지면 독서 자신감이 떨어진 상태라 책에서 멀어지게 된다.

균형 잡힌 독서를 하고, 건성으로 읽지 않도록 동기부여가 필요하다. 느리게 한 권 정독하는 것이 빠르게 여러 권 읽는 것보다 낫다는 생각을 마음에 심어야 건성으로 읽지 않는다.

책을 좋아하는 아이는 잘 읽을 수 있는 충분한 자질이 있다. 한 권을 읽어도 기억에 남게 다양한 방법을 시도하면 아이의 학습능력도 좋아진다. 초등 3학년 순영이는 다독가다. 보통 성인보다 읽는 속도가 빠르다. 글도 잘 써 또래 이상이었다. 그런데 독서점검에서 사실 파악이 평균 이하로 나왔다. 가장 충격받은 것은 순영이었다. 충격이 컸던지 집에서 하는 공부법에 변화가 생겼다. 대충 읽어 실수가 잦았는데 두세 번 다시 읽으며 모르는 낱말을 표시하면서 실수율을 줄인 것이다.

잘 읽으면 배움이 일어난다. 제대로 읽으면 학습력이 향상된다. 두 가지는 긴밀하게 연관되어 있다. 재미가 독서의 근본 동력이지만 잘못된 습관으로 건성 읽기를 하면 재미를 잃을 뿐 아니라 학습에도 지장을 준다. 아이의 습관을 파악해서 속도를 늦추고 꼼꼼히 읽게 한다.

비문학 도서를 읽을 때는 낯선 어휘를 대충 넘기지 않는다. 입시를 코앞에 둔 중고교를 준비하는 기초가 된다. 비문학 읽기에서는 알게 된 것을 자신의 언어로 정리하거나 단락별 중심내용을 책의 여백에 적어보면 유익할 것이다. 문학적 읽기로 따뜻함이, 비문학적 읽기로 풍부한 배경지식과 논리가 갖춰질 것이다.

효현이는 또래 아이들보다 세 배 이상의 속도로 읽어 제대로 평가하기 힘들었다. 대략적 내용은 기억하되 언제, 어디서, 누가 같은 정보를 기억하지 못했다. 건성 읽기를 하지만 워낙 어릴 때부터 다독한지라 학교 성적은 상위권이었다. 장편 어린이 동화나 청소년 소설을 1시간에 250p 책을 두 권가량 읽곤 했다. 그런 효현이에게 비문학 작품을 권하면 표정이 어두워졌다. 이야기책도 대충 빠르게 읽는 아이가 비문학 책을 꼼꼼히 읽을 리가 없다. 독서도 습관대로 하게 된다. 글 읽는 속도는 워낙 빨랐지만 결국 효현이는 인상적인 부분만 기억했고 나머지는 책장을 넘기기만 했다.

독서영역을 따로 훈련해야만 균형을 잡을 수 있을 것 같아 신문을 꼼꼼히 읽도록 했다. 내용을 파악하지 못하는 문제점을 인식하자 효현이는 다른 아이가 되었다. 누구보다 더 꼼꼼히 읽으려 했고 이야기책이라도 내용을 세밀하게 파악하려 노력했다. 그런데 놀라운 것은 꼼꼼히 읽으려 하자 내용을 더 잘 파악했고 이야기가 더 재미있어졌다는 반응을 보였다. 대략적 줄거리 파악 정도로 만족했던 아이의 기준이 정상화된 것이다.

책을 제대로 읽을 때 유익한 점은 많다. 정독을 통한 어휘습득으로 이해력이 높아진다. 배경지식으로 여러 교과목에도 흥미를 유지하며 수업에 적극적으로 참여할 수 있다. 긍정적 자존감으로 매사에 자신감이 생긴다. 다독하는 아이들 가운데 의외로 쓰기를 싫어하는 아이가 많다. 인풋이 많지만 정확하게 기억하지 못한다. 알긴 아는데 정확하게 말할 수 없는 피상적인 상태다. 고학년이라면 손을 이용해 읽은 내용을 요약하거나 따로 기록하는 연습을 해보길 권한다. 밑줄긋기, 모르는 어휘 표하기, 사전찾기, 낯선 어휘의 다른 용례 찾아보기, 문단 정리, 핵심키워드 찾기. 전달하는 핵심내용 두세 줄로 요약하기 등 활용하면 유익할 방법들이다. 독서의 재미를 누리고 여유가 있다면 꼭 실천하길 바란다.

스마트폰 줄이고, 다르게 사용하기

"TV를 없애면 애가 책을 읽을까요?"라고 묻는 학부모는 별로 없다. 요즘 아이들은 TV를 시청하지 않는다. 손을 뻗으면 스마트폰, 태블릿 PC, 데스크톱까지 다양한 디지털 기계가 넘쳐난다. 차라리 TV를 권하고 싶을 만큼 아이들의 스마트폰 의존율이 높다. 손바닥 안에서 펼쳐지는 흥미진진한 세상을 향한 호기심은 어른들도 절제하기 어렵다. 각자 방에서 스마트폰을 들여다보는 저녁 풍경이 이제는 자연스럽다. 가정에서도 개인주의가 심화되니 가족과 함께 TV를 시청하고 대화를 나누는 게 드물다. 이렇게 성인마저 절제하기 어려운 미디어 기기 통제권을 아이한테 빼앗겨서는 안 된다. 아이가 스마트폰에 의존하게 되면 거짓말을 할 수밖에 없는 상황이 생긴다. 스마트폰이 주는 즐거움을 여간해서 이겨낼 수 없기 때문이다.

'2020년은 청소년 책의 해' 포럼에서 다수의 고학년 학생들의 독서량이 줄거나 아예 읽지 않는 이유가 스마트폰이라는 응답을 했다. 자녀에게 스마트폰을 사주는 평균 시점이 아이들의 독서량과 질이 하락하는 시기와 일치하는 건 우연이 아닐 것이다.

미디어사용 교육 전문가들은 스마트폰의 목적과 그에 맞는 기능, 사용방법을 가족회의로 정해보기를 권한다. 대개 스마트폰을 사주고 학부모 관리 앱을 설치한 뒤 시간을 제한한다. 시간을 어기면 잔소리하기 바쁘지 의논할 생각은 못 한다. 가족회의를 하기 위해서는 아이들의 의사를 수평적으로 듣겠다는 부모의 태도가 필요하다. 필요 때문에 사주고 뒤늦게 통제하면 아이들은 납득하지 못한다. 그래서 점점 속이는 것이다. 가구나 각종 전자제품이 가정의 공공자산이듯 스마트폰도 공공자산이라는 의식을 심어야 한다. 그래야 부모가 자녀의 스마트폰 사용을 제한할 명분이 생긴다. 일정 사용 시간이 끝나면 지정한 장소(모두가 공존하는 거실이나 주방)에 모은다. 부모부터 실천해야 아이들도 따라 한다. 부모가 먼저 지켜야 아이도 억울하지 않다.

"엄마, 아빠는 나보다 스마트폰 더 많이 해요. 나더러 하지 말라고 하는데 아빠는 게임하고 엄마는 유튜브 봐요. 정말 억울해요."

아이들의 스마트폰 사용에 대한 주제가 나올 때 내뱉는 속내는 이런 이야기들로 가득하다. 아이들은 부모의 스마트폰 사용 시간만 주시하는 게 아니다. 부모가 어떤 용도로 쓰는지도 답습한다. 게임에서 헤어나오지 못하는 아이한테 물으면 자신의 정당성을 아버지로부터 찾는다. "우리 아빠는 집에 오면 새벽까지 게임해요." 아이를 설득할 말이 사라진다. 쇼핑이나 오락 외의 사용처를 보여주면 아이들은 스마트폰이 재미를 위한 것 이상의 기계임을 인식한다. 메모와 독서, 강의 듣기, 화상회의, 일기 쓰기, 아이디어 작성, 메일 송수신, 구독서비스, 전자책 읽기 판매와 수익현황 파악 등 업무까지도 스마트폰을 사용하니 아이도 다르게 인식하기 시작한다. 부모의 행동이 가장 강력한 교과서임을 생각할 때 어깨가 무거워지는 게 사실이다. 정보와 소통으로 사용하되 스트레스 해소용 사용은 줄여야 한다.

부모가 먼저 책을 읽어야 아이가 부모 핑계를 대지 않는다. 가족 모두 책을 읽는 분위기를 만들지 않으면 아이가 독서습관을 들이기 어렵다. 아이들이 책을 읽지 않게 하는 최강의 적이 바로 미디어라고 할 수 있다. 부모가 먼저 손에서 스마트폰을 내려놓고 책을 읽으면 된다.

　스마트기기의 사용을 자제하고 줄이는 것과 함께 중요한 방향을 기억해야 한다. 매체를 의존하는 것에서 벗어나 부릴 수 있는 존재로 가르쳐야 한다. 스마트폰이나 다른 기술 문명의 주체는 바로 '나' 자신이라는 사실이다. 끌려가지 않기 위해 무엇을 하면 될지 되물어보면 아이는 그때부터 생각하기 시작할 것이다. 문제의식을 느끼고 방법을 생각할 때가 '부리는 사람'이 되는 시작이다. 생각이 바뀌면 행동이 바뀌게 된다.

- 스마트폰 소유권은 부모에게 있음을 알려준다.
- 스마트폰의 목적과 그에 맞는 기능 사용을 가족회의로 정해 본다.
- 스마트폰도 공공자산이라고 가르친다.
- 일정 사용 시간이 끝나면 정한 장소(모두가 공존하는 거실이나 주방)에 모아 둔다.
- 부모가 먼저 메모와 독서, 강의 듣기, 화상회의, 감사일기 쓰기 등 스마트폰 사용 본보기를 보여준다.

- 사전을 활용하고 일기를 쓰고 영어 듣기나 그림 그리기 등 무궁무진한 활동을 스마트폰으로 하게 해준다.
- 스마트폰을 부리는 주인으로서의 정체성을 교육한다.

글쓰기, 토론, 스피치, 논술보다 읽기가 먼저

독서지도에 오래 몸담은 선생님들과 이야기를 나눠보면 생각이 비슷하다. 우리말 교육에 대한 회의적 반응이 크다. 입시제도로 인한 서열화로 학부모들이 사교육 마케팅에 이리저리 휩쓸리는 것에 대한 안타까움이 있다. 아이가 자라고 나서야 독서에 매진하도록 이끌지 못하고 다른 것에 치중한 것을 후회하는 학부모들도 많다.

읽기독립 후 볕이 드는 창가에서 스스로 고른 책을 읽는 아이들을 보면 배가 절로 부른다. 책을 덮고 조용히 다가와 귓속말로 모르는 낱말을 물어보는 아이의 호기심이 사랑스럽다. 아이는 스스로 읽을 뿐 아니라 탐구해 갈 수 있는 존재다. 아이가 혼자 읽고 궁금해하고 탐구할 시간이 필요하다. 읽기독립 과정은 아이의 실패와 도전의 현장이다. 이제 읽기능력 기초를 습득한 아이는 스스로 앎을 탐구할 수 있게 되었다. 초등학생은 본격적 학습을 준비하는 시기다. 자기 생각을 인식하고, 질문하고, 다양한 채널을 통해 답을 찾아가는 연습을 해야 한다. 지식을 다루고 엮는 기초방법을 배우는 것이다.

　민지 엄마는 스스로 책을 선택해 읽는 아이를 보며 희망을 가진다. 이전보다 더 많은 책을 읽고 내용도 잘 파악하는 것 같다. 때마침 동네에 그룹 토론수업이 유행했다. 교육열 높은 학부모들 틈에서 민지 엄마는 유명한 선생님을 놓치기 싫어 등록했다. 민지는 스케줄이 많아져 피곤한 듯 보였지만 싫은 내색을 하지 않아 다행이었다. 아이가 써오는 글이 아이답지 않았지만, 만족스러웠다. 삼강오륜이며 논어, 목민심서를 읽는 수업이라 자랑스럽기까지 했다. 토론에 적극적이지 않은 민지를 위해 스피치 학원을 알아보았다. 근거리에 없어 주말을 반납해야 했다. 그룹에서 글쓰기가 부진하다는 말에 선생님을 개인적으로 주 1회 모시기로 했다. 영어와 스토리텔링, 수학까지 공부하는 민지의 귀가는 점점 늦어졌다. 정작 읽을 시간도, 마음의 여유도 없는 아이가 되었다. 과연 잘하고 있는지 걱정이지만 다들 그렇게 한다고 하니 어떻게 할지 답답하다.

이런 과정에 공감하는 학부모가 많을 것이다. 저학년 민지와 비슷한 일상을 살아가는 아이들이 많다. 근본적 문제가 도사리고 있다. 여유 있게 책을 읽을 시간이 부족한 것이다. 읽기독립에 도달한 저학년이 집중해야 할 것은 독서를 다지는 일이다. 읽기독립을 했다는 것은 본격적인 독서에 들어선 것이다. 심층 독서 근처에도 못 간 아이에게 과한 사교육은 아이에게 독이다. 사교육 현장에 몸담은 선생님들도 부인하지 못한다. 논술이 중요하고 토론능력이 필요하고 질문하는 힘이 있어야 하지만 그 중심은 독서다. 아이의 자발적 독서를 막을 정도라면 과감히 줄이거나 대체해야 한다.

아이가 책을 읽으며 세상으로 혼자 걸음을 뗀다. 아이한테 부족한 부분이 드러나고 해결을 찾고 도전하기 전에 즉각 사교육 기관에 맡기는 건 아이가 제힘으로 경험할 세상을 빼앗는 것과 같다. 아이가 애쓰는 것보다 외부의 힘을 빌리는 것이 더 낫다고 여긴다. 학습 전문가들은 지식을 대하는 아이의 감정과 태도가 우선이자 기초라고 말한다. 사람은 외부의 지시를 받을 때보다 스스로가 한 선택에 몰입을 더 잘한다. 아이가 내적 동기로 무언가를 읽는 행위는 매우 중요한 신호이다. 아이가 선택해야 더 오래 더 멀리 갈 수 있다. 논술이나 갈래별 글쓰기 훈련, 토론 대회 등 다양한 교육의 기회가 아이를 성장하게 하지만, 독서보다 더 앞서면 안 된다.

언론에서 교육정책 변화를 발표할 때마다 들썩이는 교육광고, 사교육 기관들의 미화된 마케팅에 아이의 자발적 탐구력이 사장되어서는 안 된다. 가장 중심에 독서를 튼튼히 세우는 게 우선이다. 사교육 시장은 학부모가 지닌 불안 심리를 교묘하게 이용한다. 아이의 독서, 학습, 인성, 사회성 모두를 아우르는 강력한 무기는 첫째도 독서요, 둘째도 독서다. 독서를 빼고는 말할 수 없다. 초등 2학년인데 영어, 수학, 예체능 학원을 다 보내니 시간이 없어 책을 많이 못 읽었다는 학부모의 말에 공감하지만 정답은 아니다. 바빠서 책에 집중하지 못하거나 읽지 못한다면 가지치기를 해야 한다. 좋은 대학을 보내기 위한 입시 교육시스템에 발을 들이기 전에 내 아이가 책에 집중할 여유가 있는지부터 살펴보자. 초등학교 시기는 독서로 난 둘레길을 아이 스스로 느리게 걸어볼 수 있는 마지막 시기임을 잊지 말아야 한다. 우리나라 교육에서는 말이다.

학습만화를 읽되 비율 맞추기

아이가 어렵게 읽기독립을 완성하고, 글책을 읽기 시작하면서 부모는 안심한다. 그림책도 잘 읽고 생활동화도 몇 권씩 읽는 모습에 다 이룬 것만 같다. 읽기독립 이후 아이가 균형 잡힌 독서를 하도록 살피지 않으면 자연스럽게 쉬운 읽기로 방향을 선회한다. 어떤 아이는 입학 전부터 학습만화를 끼고 살았고, 그림책에서 글책으로 넘어가려는 중인데 학습만화에 빠졌다는 것이다. 상담할 때 많이 듣는 이야기다.

한국사나 과학영역서나 볼 법했던 학습만화가 요즘은 문학, 고전, 세계명작 등 원작을 축약하고 재해석되어 출간된다.

"친구네 집에 있다고 해서 사줬어요. 선물로 학습만화를 원해요. 어려운 고전을 만화로 접하면 호기심을 느껴 원래 작품을 잘 읽지 않을까요? 여자아이라서 과학을 유독 싫어하는데 만화는 읽더라고요."

학습만화를 구매하는 이유는 가지가지다. 물론 그 이유가 학습만화의 장점 때문이기도 하다. 한국사나 과학은 시대흐름과 과학개념을 거부감 없이 전달해주는 장점이 있다. 아이들이 부담 없이 읽을 수 있으니 안 읽은 것보다 낫다. 재미있는 그림과 문체로 어려운 내용을 이해하는 데 도움이 된다.

학습만화 찬반론은 토론의 단골 이슈다. 학습만화는 출판시장에서 판매량를 보장하는 장르가 되었고 가정마다 학습만화 한 질 이상은 꽂혀 있는 게 현실이다. 앞에서 읽기독립을 위해 훈련을 하는 동안은 학습만화를 최대한 자제해주길 부탁했었다. 문장읽기도 어려운 아이가 짧은 구절 중심에 자극적 그림이 가득한 학습만화에 입문하는 순간 긴 호흡의 글은 쳐다보지도 않는다. 그렇다면 읽기독립이 된 아이에게 학습만화는 유익한지, 다른 책과 어떻게 균형을 잡아야 할지 궁금할 수 있다.

먼저 읽기독립을 마친 초보 독서가에게 학습만화는 걸림돌이 될 요소가 많다. 글책보다 내용파악이 그림만으로 가능해

간편하다. 읽기독립한 아이는 독해력을 요구하는 독서를 통해 생각을 많이 해야 한다. 학습만화는 학습보다 만화가 핵심이다. 아이들은 학습내용 때문에 학습만화를 꺼내지 않는다. 생각이라는 걸 하지 않고도 재미라는 요소로 끝까지 책장을 붙들게 한다. 아이라면 생각하고 내용에 집중하고 기억하며 읽는 것이 쉬울까? 술술 읽히고 글도 짧고 재미까지 있는 학습만화가 쉬울까? 고민할 필요가 없는 질문이다.

학습만화는 겨우 길들인 읽기능력과 습관을 약화시킬 수 있다. 책을 좋아하고 잘 읽는 아이에게는 학습만화라도 문제가 없다. 주는 대로 읽는다. 그런데 그 외 초보 독서가에게는 권하고 싶지 않다. 독서 관련 서적을 볼 때, 학습만화도 나쁘지 않다는 주장을 보고 의아했던 적이 있다. 이유야 납득하지만, 독서부진과 독서거부 현장의 안타까운 현실을 보고는 마냥 긍정할 수는 없다.

아이들은 읽기가 귀찮고 싫을 때 학습만화로 도피한다. 휴식으로 학습만화를 읽는 게 무슨 문제일까. 본격적 독서가 쉽지 않아서 학습만화로 도피하는 건 적극적으로 반대한다. 읽으라는 잔소리에 순응해야 하는데 읽기는 싫을 때 손쉽고 재미있는 게 학습만화다. '학습만화라도 읽으니 다행이다'라는 생각은 장기적으로 아이가 책을 아예 읽지 않을 수 있다는 가능성에 동의하는 것이라 생각한다.

어느 정도의 비율로 학습만화를 접하게 할 것인가? 도서관이나 교실, 가정에도 학습만화가 있다면 금지할 수도 없을뿐더러 금지해서도 안 된다. 다만, 그림책이나 글책의 비율을 넘어서는 것만 지키도록 하자. 일반 책을 10권 읽으면 보상으로 학습만화를 1권 주는 정도면 좋겠지만, 현실은 쉽지 않을 것이다. 부모가 아이의 도서 비율을 조절해야 한다. 아이에게 맡기면 대부분은 학습만화로 기운다는 사실만 기억하면 된다. 과학, 한국사와 같은 개념이해나 흐름이 중요한 분야라면 허용하되 아주 서서히 비율을 낮춰 글책을 조금씩 늘려야 한다. 수개월에서 1년 정도 바라보고 전략을 실행해보자.

지금껏 훈련하며 쌓은 힘으로 고차원적인 독서로 나아가야 하는데 김이 새지 않아야 한다. 어떤 책을 권하고 제한해야 하는지, 비율을 얼마나 맞출지 매 순간 고민해야 한다. 독서지도는 저학년 때만 해서는 안 된다. 읽기독립 시기를 지나 독해단계의 독서, 그리고 더 깊은 독서로 성장하기 위해서 아이의 책장을 자주 들여다보자.

초등 3학년부터
어휘 부스터 장착하기

읽기독립을 잘 마친 아이는 자기 스스로 책을 꺼내 읽는 것을 즐긴다. 책을 통해 새로운 세상을 경험하는 즐거움에 또 다른 책을 꺼내는 선순환을 경험한다. 아이들이 읽기에 유창해지고 기초 읽기 이해력을 장착했다면 이후 읽기는 어휘력으로 격차가 벌어진다. 하루 3~10개의 새로운 어휘에 노출된다고 가정했을 때 1년이면 1000~3000개의 어휘를 습득하게 된다. 고학년에 되어 읽어도 이해를 못 한다면 그 이유 중 하나는 어휘다. 우리말의 80%가 한자어다. 본격적 학습에 들어서면 학습도구어는 대부분 한자어다. 학습도구어를 모르고는 학습을 따라갈 수 없다. 한자어는 고유어와 달리 분화된 뜻을 포함한다. 적절한 상황에 두루뭉술한 표현이 아닌 날카롭게 딱 들어맞는 표현을 할 수 있다. 균형 잡힌 독서를 하면서 문학과 비문학에서 다양한 어휘를 접한다. 다독하는 방법도 좋지만, 한 권을 읽어도 새롭게 접하는 어휘를 마음에 새기고 다음에 읽었을 때 익숙한 어휘로 전환되게끔 만들어야 한다. 1권 정독이 여러 권 다독보다 강하다.

어휘지도를 그리는 방법을 권한다. 초등학교 3학년 이상이면 마인드맵을 안다. 하나의 주제어에 연관된 정보를 영역별로 정리하는 방법이다. 어휘지도란 아이가 접한 어휘를 중심으로 관련된 어휘를 찾아 지도로 구성하는 방식이다. 전문가들은 단순 암기가 아닌 어휘군의 관계성을 따지며 연결할 때 어휘력 향상에도 효과적이라고 말한다. 낯선 낱말이 뜻과 용례를 한 번 읽기만 해도 유익하다.

학생들에게 신문을 제공하여 비문학 독해를 연습했다. 문단 요약을 시킨 뒤 중심 문장과 낯선 어휘를 찾으라고 한다. 모르는 낱말을 구분하는 것만으로도 배움이 일어난다. 모르는 것과 아는 것을 나눌 줄 아는 메타인지는 호기심을 불러온다. 지시에 성실하게 응하는 학생은 사전에서 그 의미를 찾아 기록한다. 여기에서 그치면 그 낱말은 금세 잊힌다. 낱말의 반대말이나 유사어, 사용용례를 찾아보라고 한다. 마지막으로 해당 낱말을 넣어 작문을 하도록 한다. 지루하고 느리지만 단단하게 앎을 쌓는 길이다. 시간이 허락되면 추가로 상황을 나타내는 4컷 만화를 그리거나 광고 카피를 짓는다. 이런 방식이 아이들에게 여간 귀찮은 게 아니다. 몇 달을 실행한다고 어휘력이 일취월장하는 것도 아니다. 다만, 모르는 어휘를 만나면 사전을 찾고 용례를 검색하는 습관이 생겼다. '영어단어를 모르면 사전을 찾으면서 일상에서 마주하는 우리말은 뜻을 몰라도 대충 넘어가는 습관이 독해력을 가로막는 것'이라는 말을 아이들 뇌에 새기는 중이다. 하루에 3개면 1년에 1000개다. 읽기가 달라진다. 가정에서 충분히 활용할 수 있는 고학년용 어휘채집 방법이다. 어휘지도 훈련은 시간이 오래 걸리고 비효율적으로 보이지만 어휘를 내 것으로 만드는 방법인 건 분명하다.

앞에서 말한 아이들은 낯선 어휘를 찾기 시작하면서부터 듣기가 달라졌다. 수업시간에 선생님이 하는 말을 예전부터 더 잘 알아듣는다. 몰라서 찾아보았던 낱말을 일상에서 접하면 아이들은 흥분한다. 부모님의 대화를 흘려듣던 아이가 채집한 낱말이 들리자 그 이슈에 자신의 의견을 말했다고 한다. 책을 읽으며, 뉴스를 접하며, 세상에 널린 수많은 디지털 정보를 접할 때 아이들은 능동적으로 탐구하는 방법을 배우는 중이다.

부모라면 읽기독립 후 양적 독서로 아이를 인도하지 말고 질적 독서를 통해 어휘력까지 쌓도록 지도하자. 우리의 아이들이 좋은 독서습관을 길러 자기다움을 찾는 독서가로 성장하길 간절히 바라고 또 바란다.

참고도서

〈한글 교육 길라잡이〉 미래엔
〈읽기 자신감〉 정재석, 곽신실. 좋은교사
〈초등 1학년 준비 혁명〉 송재환. 위즈덤하우스
〈부모와 학부모 사이〉 박재원, 최은식. 비아북
〈공부는 감정이다〉 노규식. 더부크
〈아이의 가능성〉 장유경. 위즈덤하우스
〈디지털시대에 아이를 키운다는 것〉 줄리아나 마이너. 최은경 옮김. 청림라이프
〈공부머리 독서법〉 최승필. 책구루
〈초등아이 언어능력〉 장재진. 카시오페아
〈읽기 능력 향상을 위한 어휘지도〉 윌리엄 내기. 윤준채 옮김. 사회평론아카데미
〈읽기&쓰기 교육〉 김영숙. 학지사
〈초등 1학년 공부, 책읽기가 전부다〉 송재환. 위즈덤하우스
〈양육쇼크〉 포 브론슨, 애쉬리 메리먼. 이주혜 옮김. 물푸레
〈내 아이를 위한 감정코칭〉 최성애, 조벽, 존 가트맨. 한국경제신문
〈시와 그림책 수업〉 최순나, 황진숙. 부크크
〈대치동 독서법〉 박노성, 여성오. 일상과이상
〈놀다보니 한글이 똑!〉 이정민. 푸른육아
〈우리아이 독서 고수만들기〉 정용호. 행공신
〈부모공부〉 고영성. 스마트북스
〈어떻게 읽을 것인가〉 고영성. 스마트북스
〈완벽한 공부법〉 고영성, 신영준. 로크미디어
〈교과서 속 우리 속담 이야기〉 교원
〈낭독혁명〉 고영성. 스마트북스
〈몰입〉 미하이 칙센트미하이. 한울림
〈에이트 :씽크〉 이지성. 차이정원
〈다시, 책으로〉 매리언 울프. 어크로스
〈중학국어 문법총정리〉 쏠티북스
〈초등 적기독서〉장서영/글담

〈아홉 살 독서 수업〉한미화/어크로스
〈책읽는 뇌〉매리언울프,이희수 옮김/살림출판사

자녀의 문해력 무료검사
한글또박또박 : 이 책에서 읽기독립 준비 단계와 1단계에 해당하는 한글해득 수준을
읽기, 유창성, 쓰기로 진단할 수 있습니다.
www.ihangeul.kr

웰리미 한글 진단 검사
아이들의 한글해득 수준을 진단하고 부족한 학습 영역을 안내합니다.
hg.mirae-n.com

우리아이 읽기독립

초판 1쇄 발행 2021년 6월 20일

지은이 | 최신애
펴낸이 | 정혜윤
본문 디자인 | 디자인 연우
펴낸곳 | SISO
주소 | 경기도 고양시 일산서구 일산로635번길 32-19
출판등록 | 2015년 01월 08일 제 2015-000007호
전화 | 031-915-6236
팩스 | 031-5171-2365
이메일 | siso@sisobooks.com

ISBN 979-11-89533-69-4 (13590)